FORSCHUNGSBERICHTE DES LANDES NORDRHEIN-WESTFALEN

Nr. 1853

Herausgegeben im Auftrage des Ministerpräsidenten Heinz Kühn
von Staatssekretär Professor Dr. h. c. Dr. E. h. Leo Brandt

DK 669.131.6 620.18 620.17

Prof. Dr.-Ing. Wilhelm Patterson
Dr.-Ing. Wolfgang Standke
Dipl.-Ing. Karl Kocheisen

Gießerei-Institut der Rhein.-Westf. Techn. Hochschule Aachen

Ursachen für Unterschiede in den mechanischen Eigenschaften und der Gefügeausbildung von Gußeisen mit Lamellengraphit

Springer Fachmedien Wiesbaden GmbH

ISBN 978-3-663-06590-6 ISBN 978-3-663-07503-5 (eBook)
DOI 10.1007/978-3-663-07503-5

Verlags-Nr. 011853

Ursprünglich erschienen bei Westdeutscher Verlag, Köln und Opladen 1967.

Inhalt

A. Einfluß verschiedener Roheisensorten, der Temperaturführung im Induktionsofen sowie einer Impfbehandlung

1. Einleitung

Die mechanischen Eigenschaften von Gußeisen mit Lamellengraphit (Grauguß) lassen sich beim Vergießen zu Proben mit definierter Abkühlungsgeschwindigkeit nur näherungsweise aus den Gehalten der üblicherweise analysierten Elemente ableiten. Weitere Einflüsse gehen einerseits auf Temperaturführung und Schmelzbehandlung zurück, andererseits werden sie mit der spezifischen Wirkung bestimmter Einsatzstoffe in Verbindung gebracht. Diese letzteren Einflüsse vor allem ließen sich bis jetzt nur selten zuverlässig bestimmen.
Nachdem in neuerer Zeit Kenngrößen für die Beurteilung der mechanischen Eigenschaften des abgegossenen Eisens entwickelt wurden, können die Wirkungen von Einsatzstoffen sowie die von Temperaturführung und Schmelzbehandlung sicherer erfaßt werden. Im Rahmen der vorliegenden Arbeit sollen deshalb Proben aus Gußeisen etwa gleicher chemischer Grundzusammensetzung untersucht werden, die aus verschiedenen Roheisensorten (als Beispiel der Wirkung von Einsatzstoffen) und nach unterschiedlicher Temperaturführung und Schmelzbehandlung hergestellt wurden. An Hand der Versuchsergebnisse sind Rückschlüsse auf die Ursachen für Unterschiede in den mechanischen Eigenschaften und der Gefügeausbildung zu erwarten.

2. Schrifttumsübersicht

Auf eine ausführliche Darstellung des Schrifttums kann verzichtet werden, weil vor kurzem mehrere zusammenfassende Übersichten zu dem vorliegenden Thema veröffentlicht wurden [1–3]. Hier sollen deshalb nur noch einmal die wesentlichen Gesichtspunkte herausgestellt werden.

2.1 Normaleigenschaften des Gußeisens mit Lamellengraphit und Kenngrößen zum Erfassen von Abweichungen

Für Probestäbe von 30 mm Dmr. ist (im Bereich von $S_c = 0{,}8$ bis 1,02) folgender *Normalzusammenhang zwischen Zugfestigkeit und Sättigungsgrad* gut gesichert:

$$\sigma_B = 102 - 82{,}5\, S_c \qquad (1)$$

Der mit 100 multiplizierte Quotient aus gemessener und berechneter Zugfestigkeit wird mit *Reifegrad* RG bezeichnet.

$$\text{Reifegrad RG} = \frac{\sigma_{B\ \text{gemessen}}}{\sigma_{B\ \text{berechnet}}} = \frac{\sigma_B}{102 - 82{,}5\, S_c} \cdot 100\% \qquad (2)$$

An Hand des Reifegrades lassen sich vor allem Änderungen in den *Auswirkungen der Erstarrung auf die Gefügeausbildung* erkennen.
Bei Gußeisen mit Lamellengraphit hat sich ferner ein deutlicher *Zusammenhang zwischen Sättigungsgrad und Härte* ergeben:

$$\text{HB} = 539 - 355 \cdot S_c \tag{3}$$

Auch hier kann eine jeweils gemessene Härte zu der nach der Formel berechneten in Beziehung gesetzt werden. Für den Quotienten wurde die Bezeichnung *Härtegrad* HG vorgeschlagen.

$$\text{Härtegrad HG} = \frac{\text{HB}_{\text{gemessen}}}{\text{HB}_{\text{berechnet}}} = \frac{\text{HB}}{539 - 355 \cdot S_c} \tag{4}$$

Im Härtegrad wirken sich bevorzugt jene Größen aus, welche die *eutektoidische Umwandlung* beeinflussen.
Über die technische Verwendbarkeit eines Werkstoffs entscheidet weniger die Größe einzelner Eigenschaften, als vielmehr ihre Zuordnung zueinander. In diesem Zusammenhang ist besonders die *Beziehung zwischen Härte und Zugfestigkeit* für den Gußverbraucher von Interesse. Als Normalbeziehung wurde für Zugfestigkeiten über etwa 20 kp/mm² und niedrige Phosphorgehalte abgeleitet:

$$\text{HB} = 100 + 4{,}3\,\sigma_B \tag{5}$$

Der Quotient aus gemessener und berechneter Härte wird als *Relative Härte* RH bezeichnet.

$$\text{Relative Härte RH} = \frac{\text{HB}_{\text{gemessen}}}{\text{HB}_{\text{berechnet}}} = \frac{\text{HB}}{100 + 4{,}3\,\sigma_B} \tag{6}$$

2.2 Einflüsse auf die Abweichungen von den Normaleigenschaften

Die Festigkeitseigenschaften von Gußeisen mit Lamellengraphit können auch bei gleicher Grundzusammensetzung und Abkühlung je nach den verwendeten Einsatzstoffen und den Herstellungsbedingungen beträchtlich von den Normaleigenschaften abweichen. Das ist z. T. auf die Wirkung von *Begleitelementen* zurückzuführen, die am Aufbau des Gußeisens in unterschiedlichen, meist sehr geringen Mengen beteiligt sind. Derartige Elemente können die Ausbildung und Anordnung der Gefügebestandteile Graphit und Grundmasse beeinflussen. Ihre genaue Wirkung ist aber nicht ausreichend bekannt.
In Grundzügen ist aus den Gesetzmäßigkeiten der Metallurgie und den beobachteten Unterschieden in der Gefügeausbildung abgeleitet worden, welche Veränderungen die auf Keimbildung und Wachstum der Gefügebestandteile wirkenden Stoffe als Folge der *Herstellungsbedingungen* (Temperaturführung, Schmelzbehandlung, Tiegelzustellung, Atmosphäre) erfahren können. Da aber über die Kinetik der Reaktionen noch zuwenig bekannt ist, kann heute nur der Versuch zeigen, welche der vielen Wirkungen bei den jeweiligen Bedingungen

vorherrschen. Als Anhaltswerte zur Beurteilung dieser Vorgänge werden insbesondere die Änderungen in den Kenngrößen für die Gefügeausbildung benutzt. Manche Gußfehler und Abweichungen von den Normaleigenschaften scheinen durch die *spezifische Wirkung einzelner Einsatzstoffe* herbeigeführt zu werden. Als mögliche Ursache ist der über die Haupteisenbegleiter hinausgehende Gehalt an weiteren Stoffen in den Gattierungsbestandteilen anzusehen. Meist schließen aber Arbeiten, in denen die spezifische Wirkung einzelner Einsatzstoffe auf die Eigenschaften und die Gefügeausbildung untersucht wurden, mit der Feststellung, daß sich keine eindeutigen Zusammenhänge zeigten.

3. Problemstellung für die Versuche

Der systematische Weg, die Unterschiede in den Eigenschaften von Gußeisen mit Lamellengraphit von den Einzeleinflüssen her zu erfassen, ist schwierig, wenn nicht gar unmöglich. Die Einflußgrößen sind nämlich durch vielfältige Wechselwirkungen miteinander verknüpft. Für die Lösung einer derartigen Aufgabe ist deshalb ein erheblicher Aufwand nötig. Andererseits besteht aber ein starkes Interesse daran, die auftretenden Unterschiede und ihre Ursachen genauer zu kennen. Daraus ergeben sich Möglichkeiten für eine *höhere Treffsicherheit* in der Gußeisenherstellung.

Ziel der vorliegenden Arbeit ist es daher, einen Überblick über die mögliche *Größe der Unterschiede* zu bekommen, wie sie sich bei Verwendung verschiedener Roheisensorten und unter typischen Herstellungsbedingungen im Induktionsofen ergeben. Gleichzeitig wird erwartet, daß Hinweise auf *Ursachen für die Unterschiede* gefunden werden können. Zu diesem Zweck erschien es angebracht, die einzelnen Roheisen weitgehend ohne Zusätze zu erschmelzen, um ihre mögliche spezifische Wirkung deutlich erkennen zu können.

4. Versuchsbedingungen

4.1 Einsatzstoffe

Die Auswahl der Einsatzstoffe erfolgte so, daß Roheisensorten mit großen Unterschieden im Herstellungsverfahren, in der Art des Anlieferungszustandes, aber auch sehr unterschiedlicher Beurteilung durch den Gießereipraktiker Verwendung fanden. Dem Roheisen wurden jeweils nur so viel an Stahl, Ferrosilicium und Ferrophosphor zugesetzt, wie, in bezug auf Kohlenstoff, Silicium und Phosphor, zur Einstellung etwa gleicher chemischer Zusammensetzung der Testschmelzen erforderlich war.

Eine Übersicht über die verwendeten Einsatzstoffe gibt die Tab. 1.

Von den angeführten Roheisensorten galt das Roheisen A nach früherer Lehrmeinung [4], feiner Graphit – günstige Festigkeitseigenschaften, als besonders gutes Roheisen. Diese Annahme hat aber nach neuerer Auffassung nur dann Gültigkeit, wenn der Graphit dabei innerhalb einer eutektischen Zelle geringfügig verzweigt ist.

Tab. 1 Übersicht über die verwendeten Einsatzstoffe

Bezeichnung	Kennzeichnung
Roheisen A	graues Sonderroheisen mit besonders feiner Graphitausbildung
Roheisen B	graues Sonderroheisen, besonders bei der Tempergußherstellung verwendet
Roheisen C	weißes Sonderroheisen mit niedrigem Gehalt an Begleitelementen
Roheisen D	weißes Holzkohlenroheisen
Roheisen E	weißes Holzkohlen-Sonderroheisen mit niedrigem Gehalt an Begleitelementen
Stahl	Thomasstahl, Knüppelmaterial
FeSi 90	91,6% Si, 0,5% Ca, 1,2% Al
FeP 24	24% P
CaSi I	60,7% Si, 33,3% Ca, 1,5% Al
CaSi II	57,6% Si, 32,9% Ca, 4,0% Al

Den Holzkohlenroheisensorten sagt man im allgemeinen eine »weichmachende« Wirkung nach [5]. Diese »Erfahrung« wird aber mindestens teilweise auf die höheren Ausgangskohlenstoffgehalte zurückzuführen sein, während sie z. T. sicher zu Recht besteht. Da die Holzkohlenroheisen »kalt« erblasen werden, dürften sie infolge der niedrigeren Temperaturführung im Hochofen einen günstigeren Keimzustand aufweisen [6].

Die Verwendung des Roheisens C ermöglichte einen Vergleich mit den Ergebnissen einer Arbeit von W. PATTERSON und B. SIGG [7].

4.2 Chemische Zusammensetzung

Für die Schmelzen wurde ein Kohlenstoffgehalt von 3,2% und ein Siliciumgehalt von 2,5% angestrebt. Das entspricht einem Sättigungsgrad von $S_c = 0{,}92$.

Die Gattierung der Schmelzen ist in Tab. 2 zusammengestellt.

4.3 Schmelzofen

Als Schmelzaggregat erschien der *Induktionsofen* zweckmäßig, weil darin die Temperaturführung gut überwacht werden kann und zusätzliche metallurgische Einflüsse von Atmosphäre und Schlacke gering bleiben.

Für die Versuche stand ein sauer zugestellter Mittelfrequenz-Induktionstiegelofen (10 kHz) mit 30 kg Fassungsvermögen zur Verfügung. Zur Verminderung des Abbrandes war der Tiegel mit einem Graphitdeckel abgedeckt.

Tab. 2 Gattierung der Schmelzen

Serie	Anteil an			
	Roheisen %	Stahl %	FeSi %	FeP %
A	91	9,0	–	–
B	85	14,0	1,0	–
C	76	21,0	2,9	–
D	89	8,2	2,7	0,17
E	80	17,5	2,4	0,20
Mo*	B 86	14,0	0,2	–

* Vgl. Abschnitt B.

4.4 Schmelzprogramm

Das Programm für die Temperaturführung wurde auf Grund vorhergegangener Arbeiten [6, 7, 8] so aufgestellt, daß das Verhalten der Gattierungen nach typischen Erschmelzungsbedingungen erfaßt werden konnte. Dazu wurden verschiedene Überhitzungsstufen und zwei Impfbehandlungen ausgewählt, und zwar:

1360°C
1450°C
10 min, 1530°C
10 min, 1530°C → 1380°C, impfen mit FeSi 90
10 min, 1530°C → 1380°C, impfen mit CaSi I
10 min, 1530°C → 10 min, 1360°C

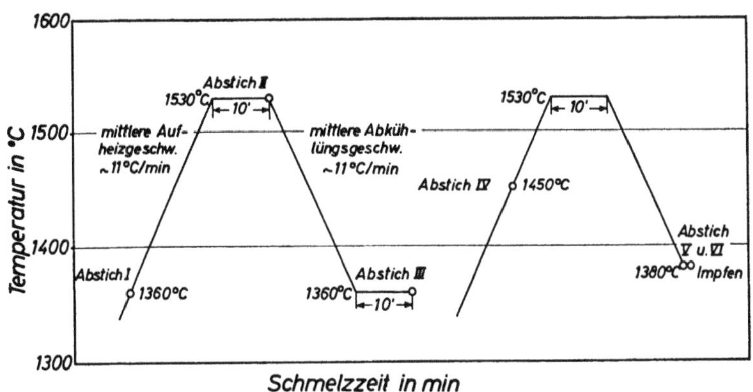

Abb. 1 Programm der Temperaturführung und Schmelzbehandlung

Bei dem geringen Fassungsvermögen des Ofens mußten für die Untersuchung jeder Gattierung zwei Schmelzen hergestellt werden. Die einzelnen Programmpunkte sind dabei in der in Abb. 1 angegebenen Weise aufgeteilt worden.

4.5 Gießen

Die Temperatur wurde im Ofen z. T. kontinuierlich mittels PtRh/Pt-Tauchthermoelementes gemessen. Bei Erreichen der gewünschten Temperatur wurde die erforderliche Menge Eisen in eine auf helle Rotglut erhitzte kleine Handpfanne abgestochen und sofort vergossen. Der Impfmittelzusatz (Körnung $1{,}5 < d < 6$ mm) erfolgte, wo vorgesehen, beim Abstich aus dem Ofen in den Gießstrahl. Die Impfmittelmenge betrug 0,5% Si als FeSi 90 oder CaSi I (vgl. Tab. 1).
Kontrollmessungen zeigten, daß die tatsächlichen Gießtemperaturen, bedingt durch den Temperaturverlust zwischen Tiegel und Pfanne, ca. 30 grd. unter der Abstichtemperatur lagen. Beim Zugeben von Impfsilicium trat ein zusätzlicher Temperaturverlust von etwa 20 grd. auf. (Deswegen wurden die Abstiche V und VI auch bei 20 grd. höherer Temperatur abgestochen als Abstich III.)
Bei der Auswertung sind aber die Abstichtemperaturen verwendet worden.

4.6 Probenherstellung

Als Probekörper wurden durch einen zentralen Einguß steigend je drei 30-mm-Rundstäbe von 300 mm Länge in synthetischen Grünsand vergossen. Aus den drei Stäben sind entsprechend Abb. 2 jeweils folgende Proben entnommen worden:
Die Mittelteile dienten zur Herstellung von Zugproben nach DIN 50109. Aus den Unterteilen wurden eine Härteprobe, eine Schliffprobe und Analysenspäne herausgearbeitet.

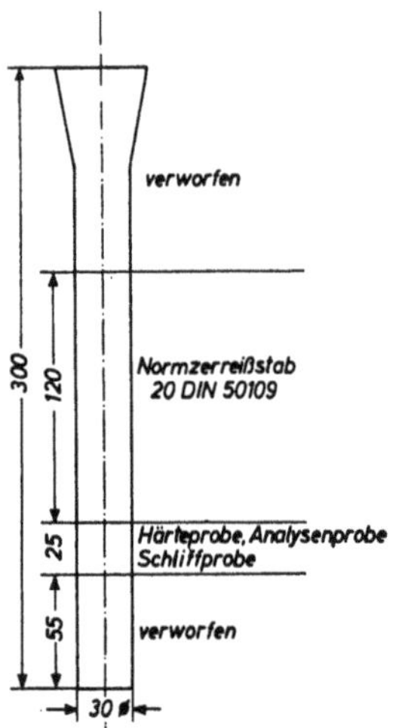

Abb. 2 Lage der untersuchten Proben im Probestab

4.7 Probenauswertung

4.7.1 Chemische Zusammensetzung

Kohlenstoff- und Siliciumgehalt wurden für jeden Abstich bestimmt, während Mangan, Phosphor und Schwefel nur einmal innerhalb jeder Versuchsreihe ermittelt wurden.

Die Berechnung des zur Auswertung herangezogenen Sättigungsgrades erfolgte nach folgender Formel [9]:

$$S_c = \frac{C_{anal.}}{4{,}26 - 0{,}294\ Si - 0{,}349\ P + 0{,}029\ Mn}$$

4.7.2 Mechanische Eigenschaften

Die *Zugfestigkeit* jedes Abgusses wurde an drei Normzerreißstäben festgestellt. Die an dichten Stäben bestimmten Werte dienten zur Berechnung der mittleren Zugfestigkeit, wobei die Einzelwerte höchstens um $\pm$ 1,1 kp/mm^2 vom Mittelwert abwichen.

Die *Brinellhärte* (HB 30/5) wurde als mittlere integrierte Härte [10] aus drei bis vier Eindrücken gemittelt. Die Abweichungen der Einzelwerte vom Mittelwert betrugen dabei max. $\pm$ 6 Brinelleinheiten.

4.7.3 Gefügeausbildung

Bei der Gefügeauswertung wurde nur die Fläche berücksichtigt, die dem Bruchquerschnitt der Zugproben entspricht (d = 20 mm). Zum Sichtbarmachen des *Primärgefüges* konnte ein für die Primärätzung von Temperrohguß entwickeltes Ätzmittel [11] in etwas modifizierter Form verwendet werden. Die Länge der Primärdendriten wurde so bestimmt, daß bei 16facher Vergrößerung innerhalb des untersuchten Querschnitts 20–25 klar erkennbare Dendriten ausgemessen und die Werte gemittelt wurden.

Die *eutektischen Zellen* sind meist durch eine Ätzung mit einer kalt gesättigten Lösung von Natriumthiosulfat [12] sichtbar gemacht worden. Die Bestimmung der Zahl der eutektischen Zellen erfolgte bei 100facher Vergrößerung durch Vergleich mit einer Richtreihe zur Bestimmung der mittleren Korngröße [13]. Allerdings konnte öfters nicht der gesamte Querschnitt zur Schätzung der Zahl an eutektischen Zellen herangezogen werden. Es traten nämlich größere, über den Querschnitt unregelmäßig verteilte insel- oder zeilenartige Bereiche auf, in denen der Graphit entlang größerer eutektischer Zellen sehr fein und stark verzweigt gewachsen sowie durch viele Primärdendriten zerteilt war (vgl. Abb. 3). Eine detaillierte Untersuchung zeigte, daß dieser feine, offensichtlich durch Unterkühlung entstandene Graphit zumindest oft an die größeren benachbarten Zellen angewachsen war und keine eigene eutektische Zelle darstellte. Dennoch wurden diese Flächenanteile nicht bei der Zellenauswertung berücksichtigt. Es wurde vielmehr ihr prozentualer Anteil abgeschätzt und als Unterkühlungsstruktur angegeben.

Die *Graphitausbildung* ist im ungeätzten Zustand bei 100facher Vergrößerung

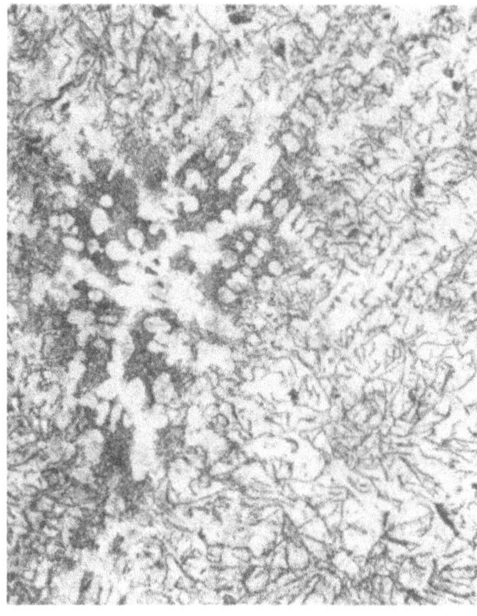

Abb. 3 Anomale Gefügeausbildung (mit Natriumthiosulfat geätzt, 50 : 1)

durch Richtreihenvergleich [14] nach Form und Länge abgeschätzt worden. In den Tabellen sind allerdings nur die Anteile an der Form A und D angeführt. Die bis zu 100% fehlenden Anteile sind Misch- bzw. Übergangsformen zwischen A- und D-Graphit.

Die *Ausbildung der metallischen Grundmasse* wurde bei 500facher Vergrößerung untersucht, um selbst geringe Anteile an Ferrit erfassen zu können.

5. Versuchsergebnisse

5.1 Chemische Zusammensetzung

Die Werte der chemischen Zusammensetzung aller Abstiche sind in Tab. 3 zusammengestellt. Die Kohlenstoff- und Siliciumgehalte sind zusätzlich in Abb. 4 eingezeichnet.

Wie eine kritische Betrachtung zeigt, konnte die angestrebte chemische Zusammensetzung nicht immer eingehalten werden. Neben der z. T. anscheinend falsch angegebenen Zusammensetzung der Roheisen ist dies beim *Kohlenstoffgehalt* darauf zurückzuführen, daß mit zunehmender Schmelzzeit trotz der Abdeckung des Tiegels mit einem Graphitdeckel ein kontinuierlicher Abbrand auftrat. Die Differenz im Kohlenstoffgehalt zwischen den beiden unmittelbar hintereinander vergossenen geimpften Schmelzen kann allerdings nicht mit Abbrand erklärt werden. Hier tritt vielmehr beim Impfen mit Calciumsilicium, wie auch schon von anderen Forschern festgestellt [15], eine Calciumkarbidbildung ein. Als Nachweis dafür diente die Beobachtung, daß sich nach dem Impfen auf der Badoberfläche sowie auf den Probestabköpfen ein graues Pulver bildete, das beim Befeuchten ein brennbares, wie Acetylen riechendes Gas entwickelte.

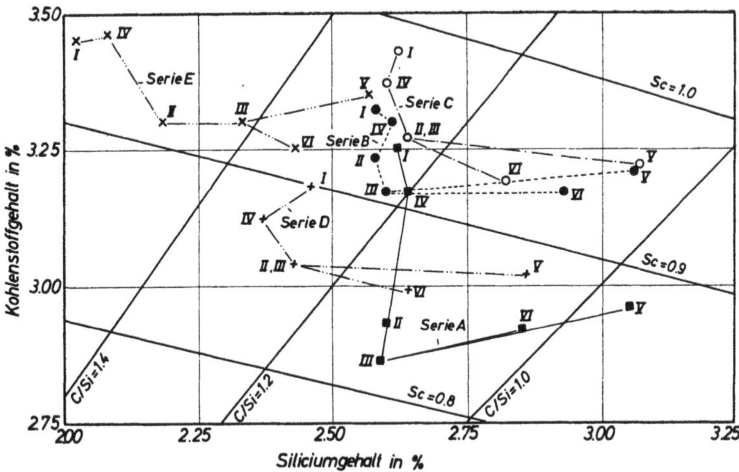

Abb. 4 Kohlenstoff- und Siliciumgehalte aller Abstiche

Beim *Siliciumgehalt* konnte, bis auf Serie E, der angestrebte Wert in etwa eingehalten werden. Naturgemäß weisen aber die geimpften Abstiche höhere Siliciumgehalte auf. Interessant ist in diesem Zusammenhang, daß das Siliciumausbringen beim Impfen mit FeSi wesentlich höher ist (ca. 90%) als beim Impfen mit CaSi (ca. 50%).
Neben den normalerweise analysierten Elementen wurde außerdem an Probenmaterial des Abstichs IV jeder Versuchsserie eine Reihe von Begleitelementen bestimmt. Die Ergebnisse dieser Untersuchung sind in Tab. 4 eingetragen.

5.2 Einfluß von Temperaturführung und Impfen

Zur besseren Übersicht über die Ergebnisse erscheint es zweckmäßig, den Einfluß von Temperaturführung und Impfen zunächst allgemein darzulegen und erst dann das besondere Verhalten der einzelnen Versuchsserien zu verfolgen. Aus diesem Grund sind die Ergebnisse jeweils gleichbehandelter Abstiche der einzelnen Serien gemittelt worden.

5.2.1 Wirkung auf die mechanischen Eigenschaften

Zur Beurteilung der Festigkeitseigenschaften wurden, um den Einfluß der Haupteisenbegleiter zu eliminieren, als Kennziffern der Reifegrad RG nach (2) und der Härtegrad HG nach (4) verwendet. Zur Kennzeichnung des allgemeinen mechanischen Verhaltens diente die Relative Härte RH nach (6).
Der *Reifegrad* RG des Ausgangszustandes (Abstich I) sinkt, wie Abb. 5 zeigt, durch das Überhitzen (Abstiche IV und II) ab. Beim anschließenden Halten auf niedrigerer Temperatur (Abstich III) wird die Auswirkung der Überhitzung nur geringfügig aufgehoben. Erst das Impfen bringt eine durchschlagende Verbesserung, so daß die Werte des Ausgangszustandes übertroffen werden. Dabei führt

Tab. 3 Zusammenstellung aller Meßwerte und Kenndaten

Bezeichnung des Abstichs	Gehalte (%)			S_c	Zugfestigkeit σ_B (kp/mm²)				Brinellhärte HB (kp/mm²)			
	C	Si	Mn P S		1	2	3	$\overline{m}$	1	2	3	$\overline{m}$
A I	3,25	2,62		0,93	23,65	23,50	23,65	23,60	215	215	215	215
IV	3,17	2,64	0,08	0,91	22,40	22,70	22,40	22,50	204	213	207	208
II	2,93	2,60	0,076	0,84	24,05	23,80	25,00	24,25	224	224	224	224
III	2,86	2,59	0,025	0,82	24 35	25,20	24,50	24,70	226	226	224	225
V	2 96	3,05		0,88	26,40	26,65	27,05	26,70	209	211	213	211
VI	2,92	2,85		0,85	29,90	30,85	30,60	30,45	213	222	219	218
B I	3,32	2,58		0,95	21,70	21,30	21,20	21,40	202	204	207	204
IV	3,30	2,61	0,61	0,95	20,40	21,05	20,40	20,60	207	207	207	207
II	3,23	2,58	0,063	0,92	20,50	20,55	21,70	20,90	207	209	215	210
III	3,17	2,60	0,021	0,91	22,90	23,25	22,90	23,00	215	215	211	214
V	3,21	3,06		0,96	23,00	22,90	22,65	22,85	207	209	209	208
VI	3,17	2,93		0,93	25,40	25,70	25,80	25,65	211	211	211	211
C I	3,43	2,62		0,98	18,65	18,55	18,95	18,70	180	180	184	182
IV	3,37	2,60	0,48	0,96	21,65	22,90	22,80	22,45	202	200	198	200
II	3,27	2,64	0,039	0,94	23,70	23,35	23,70	23,60	211	209	207	209
III	3,27	2,67	0,030	0,94	23,20	22,85	22,90	23,00	202	207	204	204
V	3,22	3,07		0,96	23,80	23,80	23,80	23,80	202	207	202	203
VI	3,19	2,82		0,93	29,40	29,60	29,80	29,60	213	213	213	213
D I	3,18	2,46		0,90	25,00	26,10	26,35	25,80	241	244	246	244
IV	3,12	2,37	0,13	0,88	25,50	25,20	25,55	25,40	252	263	257	257
II	3,04	2,43	0,077	0,86	23,50	25,30	23,70	24,20	266	263	263	264
III	3,04	2,43	0,021	0,86	27,05	27,40	27,70	27,40	255	252	246	251
V	3,02	2,86		0,89	31,20	–	31,20	31,20	257	252	252	254
VI	2,99	2,64		0,86	–	35,00	35,70	35,35	255	260	257	257
E I	3,45	2,02		0,95	22,80	23,50	21,50	22,60	197	198	200	198
IV	3,46	2,08	0,39	0,95	21,50	21,25	20,75	21,15	200	200	200	20[illegible]
II	3,30	2,18	0,107	0,92	24,35	22,80	23,35	23,50	207	207	204	[illegible]
III	3,30	2,33	0,033	0,93	24,10	23,90	24,05	24,00	209	209	21[illegible]	210
V	3,35	2,57		0,96	22,20	21,90	22,10	22,05	200	193	195	196
VI	3,25	2,43		0,92	26,80	27,1[illegible]	27,25	27,05	195	195	195	195
Mo 0,11	3,21	2,25		0,89	28,60	29,20	28,45	28,75	217	217	219	218
(%) 0,24	3,19	2,29	0,61	0,89	29,45[2]	30,55	30,65	30,60	224	226	226	225
0,42	3,15	2,25	0,050	0,88	32,65	31,95[2]	32,50	32,60	226	229	229	228
0,60	3,17	2,22	0,020	0,88	31,15[2]	31,90	–	31,90	241	239	241	240
0,73	3,13	2,23		0,87	34,05[2]	32,50[2]	34,15	34,15	249	249	246	248
0,84	3,13	2,22		0,87	32,15[2]	29,50[2]	32,95	32,95	269	266	266	267

[1] Zeichenerklärung: + Ferrit im Grundgefüge, (+) Spuren Ferrit, – rein perlitisch.
[2] Schwammiges Gefüge oder Fadenlunker.
[3] Anteil an E-Graphit.

Reifegrad RG (%)	Härtegrad HG	Relative Härte RH	DL (mm)	Zahl eut. Zellen pro cm^2	Unter-kühlungs-struktur (%)	Anteil und Länge: A-Graphit (%)	A-Graphit Länge	D-Graphit (%)	D-Graphit Länge	Auf-treten von Ferrit[1]
93,4	1,03	1,07	3,6	95	10–20	20	4	15	7/8	(+)
83,6	0,96	1,06		83	10–20	15	4/5	20	7/8	+
74,2	0,93	1,10		87	10–20	10	4	25	7/8	+
71,9	0,91	1,09	3,1	95	10–20	5	4/5	30	7/8	+
90,8	0,93	0,98	5,2	370	1	35	4/5	5	7/8	+
95,6	0,92	0,94	4,9	670	0	45	4	0	-	(+)
90,6	1,01	1,06	3,6	195	<1	75	4/5	3	7/8	—
87,2	1,03	1,10		183	1	65	4/5	5	7/8	—
80,1	0,99	1,11		115	1-5	60	3/4/5	5	7/8	—
85,4	0,99	1,08	2,8	95	10–20	60	4	10	7/8	(+)
100,2	1,05	1,05	3,9	350	<1	80	4/5	2	8	—
101,5	1,01	1,00	3,4	580	0	90	4/5	0	-	—
88,4	0,95	1,01	4,7	177	1	85	3/4	8	7/8	+
98,5	1,01	1,02		153	5–10	70	3/4	15	7/8	(+)
96,5	1,02	1,04	5,0	153	1–5	75	3/4	15	7/8	—
94,1	0,99	1,03	4,3	128	5–10	70	3/4	15	8	—
104,4	1,02	1,00	3,8	290	0	85	3/4	3	7/8	(+)
117,1	1,02	0,94	3,5	1120	0	90	3/4/5	0	-	—
93,0	1,11	1,16	3,3	153	5–10	25	4/5	5	7	—
86,4	1,13	1,23		115	5–10	15	4/5	10	7/8	—
77,9	1,13	1,29	4,0	50	10–20	0	—	60	7/8	—
88,2	1,07	1,15	2,5	110	5–10	15	4/5	15	7/8	—
109,2	1,14	1,08	4,1	530	0	79	3/4	1	6/7	—
115,0	1,10	1,02	3,8	1350	0	90	3/4	0	-	—
95,6	0,98	1,00	3,9	220	0	75	4/5	0	-	—
89,5	0,99	1,05		120	10	60	4/5	5	7	(+)
90,0	0,97	1,02	5,9	83	10–20	40	4/5	10	7/8	—
95,0	1,01	1,03	4,1	110	10–20	50	4/5	5	7	+
96,7	0,99	1,01	5,0	270	<1	65	4/5	0	-	+
103,6	0,92	0,90	4,8	1040	0	95	3/4/5	0	-	(+)
100,6	0,98	0,97	4,4	450	-	50	4/5	50[3]	4/5	—
107,1	1,01	0,97	3,5	530	-	45	4/5	55[3]	4/5	—
110,9	1,01	0,95	3,0	620	-	30	4/5	70[3]	4/5	—
108,5	1,06	1,01	2,4	620	-	15	4/5	85[3]	4/5	—
113,0	1,08	1,00	1,9	580	-	10	4/5/6	90[3]	4/5/6	—
109,0	1,16	1,10	1,6	580	-	10	4/5	90[3]	4/5/6	—

*Tab. 4 Gehalte an Begleitelementen in Abstich IV jeder Versuchsserie**

Serie	Cu %	Cr %	Co %	Ni %	V %	Ti %	Al %	Sn %	Sb %	As %
A	0,03	0,044	0,021	0,021	0,022	0,042	0,001	0,004	0,002	0,012
B	0,17	0,020	0,033	0,035	0,020	0,053	0,003	0,010	0,010	0,030
C	0,06	0,050	0,018	0,057	0,004	0,005	0,001	0,010	0,005	0,030
D	0,03	< 0,01	0,005	0,007	< 0,004	0,008	0,002	0,002	0,001	0,004
E	0,15	0,064	0,018	0,063	0,005	0,052	0,005	0,010	0,005	0,030

* Die Bestimmungen wurden im Zentrallaboratorium der Duisburger Kupferhütte durchgeführt. Dafür wird allen Beteiligten herzlich gedankt.

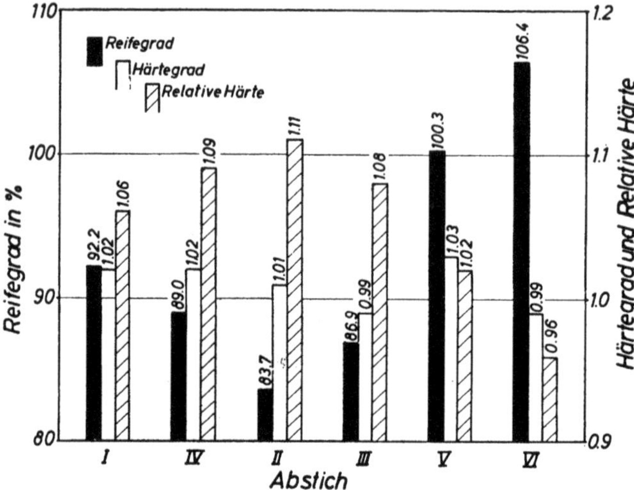

Abb. 5 Mittelwerte des Reifegrades RG, des Härtegrades HG und der Relativen Härte RH gleichbehandelter Abstiche

die Impfung mit CaSi (Abstich VI) zu einem günstigeren Ergebnis als die Impfung mit FeSi (Abstich V).

Die Härte der untersuchten Serien wird durch die Temperaturführung nicht deutlich beeinflußt. Härteunterschiede gehen vor allem auf Änderungen des Sättigungsgrades des Eisens während der Schmelzzeit zurück: der *Härtegrad* HG wird praktisch von Temperaturführung und Impfen nicht beeinflußt, wie Abb. 5 deutlich zeigt.

Aus dem Verlauf von Zugfestigkeit und Härte in Beziehung zum Sättigungsgrad ergibt sich, daß das Verhalten der Relativen Härte RH, dem Kennzeichen für die wichtigsten Verbrauchseigenschaften, überwiegend durch die Zugfestigkeit bestimmt wird: die Relative Härte ändert sich weitgehend gegenläufig zum Reifegrad (Abb. 5). Sie steigt also als Folge der Überhitzung von Abstich I zu

Abstich II an und wird durch das anschließende Halten der Schmelze bei niedrigerer Temperatur (Abstich III) wieder geringer. Die geimpften Abstiche (V und VI) weisen die niedrigste Relative Härte auf, wobei abermals das Impfen mit CaSi zum günstigsten Ergebnis führt.

5.2.2 Wirkung auf die Gefügungsausbildung

Der Einfluß von Temperaturführung und Impfen auf die *Primärkristallisation* ist in Abb. 6 dargestellt*. Es zeigt sich, daß durch die Überhitzung die Dendritenlänge etwas zunimmt. Nach dem anschließenden Halten bei niedrigerer Temperatur fällt sie geringfügig unter den Ausgangswert ab. Durch das Impfen steigt die Dendritenlänge leicht an, wobei beim Impfen mit CaSi etwas kürzere Dendriten auftreten als beim Impfen mit FeSi. Diese Ergebnisse sollten aber nicht überbewertet werden, weil die Unterschiede in der Dendritenlänge insgesamt nur geringfügig sind. Die Primärkristallisation war daher im wesentlichen unabhängig von Temperaturführung und Impfen.

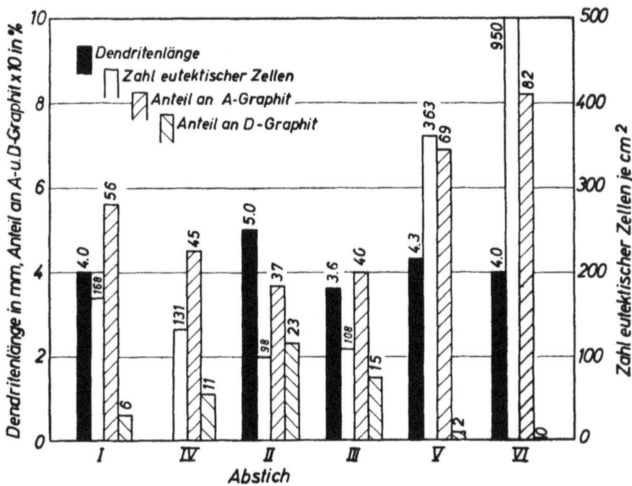

Abb. 6 Mittelwerte der Gefügeausbildung gleichbehandelter Abstiche

Unterschiede in der eutektischen Kristallisation werden bei der Betrachtung der *eutektischen Zellen* besonders deutlich. Ihre Zahl ändert sich in dem Maße, wie die Keimbildungsbedingungen des Graphits beeinflußt werden. Bei den hier vorliegenden Versuchen werden, wie Abb. 6 zeigt, die zunächst vorhandenen Fremdteilchen, welche die eutektische Kristallisation des Graphits erleichtern, durch

* Da die Dendritenlänge für den Abstich IV aller Serien sowie für Abstich II der Serien A und B nicht bestimmt wurde, sind für Abb. 6 nur die Mittelwerte aus jeweils gleichbehandelten Abstichen der Serien C, D und E berechnet worden. Die Mittelwerte, die sich für die gleichbehandelten Abstiche aller Serien bilden lassen, weichen nur unwesentlich von den in Abb. 6 eingetragenen ab.

Überhitzung offensichtlich weitgehend ausgeschaltet: die Zahl der eutektischen Zellen nimmt von Abstich I über Abstich IV bis Abstich II deutlich ab. Das anschließende Halten bei niedrigerer Temperatur schafft günstigere Keimbildungsbedingungen, wie aus der Zellenzahl des Abstichs III hervorgeht. Nach dem Impfen stellen sich erwartungsgemäß besonders hohe Zellenzahlen ein. Beim Impfen mit CaSi treten dabei die höchsten Zellenzahlen auf.

Die Bildung weniger eutektischer Zellen ist im allgemeinen mit einer größeren Unterkühlung der eutektischen Erstarrung verknüpft. Der bei größerer Unterkühlung wachsende Graphit neigt dabei zu stärkerer Verzweigung innerhalb der eutektischen Zelle [16], d. h. der Anteil an *D-Graphit* nimmt auf Kosten der A-Graphitmenge zu. Wie Abb. 6 zeigt, trifft das auch für die vorliegenden Versuche klar zu.

5.3 Einfluß der Einsatzstoffe

Im vorangegangenen Abschnitt wurde die allgemeine Auswirkung von Temperaturführung und Impfen auf die mechanischen Eigenschaften und die Gefügeausbildung des vorliegenden Versuchsmaterials herausgestellt. In diesem Abschnitt soll nun das Verhalten der aus verschiedenen Roheisensorten aufgebauten Gattierungen im einzelnen untersucht werden.

5.3.1 Unterschiede in den mechanischen Eigenschaften

Die Unterschiede in der Höhenlage des *Reifegrades* RG der einzelnen Serien sind, wie Abb. 7a zeigt, z. T. beträchtlich. Während sie unmittelbar nach dem Aufschmelzen (Abstich I) nur um etwa 10% betragen, nimmt die Streuung mit steigender Abstichtemperatur erheblich zu. Bei den überhitzten Abstichen betragen die Unterschiede 20%. Weder durch das anschließende Abstehen bei niedrigerer Temperatur (Abstich III) noch durch Impfen (Abstich V und VI) wird das Streuband eingeengt.

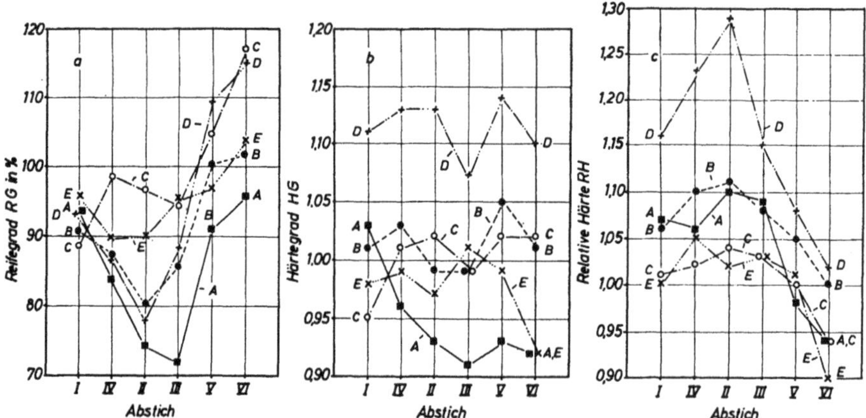

Abb. 7 Einzelwerte des Reifegrades RG, des Härtegrades HG und der Relativen Härte RH aller Abstiche (Legende vgl. Abb. 8)

Diese Aufweitung des Streubandes durch das Überhitzen kommt dadurch zustande, daß die Gattierungen nicht in gleichem Maße auf Temperaturführung und Impfen ansprechen. Während beim Einsatz von Roheisen C sogar eine Erhöhung des Reifegrades mit dem Überhitzen auftritt, ist das Eisen der Serie A ausgesprochen überhitzungsempfindlich. Bei ihm tritt ein Abfall des Reifegrades um 20% ein. Praktisch unabhängig von der Höhe des Reifegrades nach dem Überhitzen wird dieser durch das Impfen beträchtlich angehoben, beim Impfen mit FeSi um bis zu 20%, beim Impfen mit CaSi um bis zu 25%.
Das besondere Verhalten der mit dem Roheisen C hergestellten Schmelzserie kann an den in der Arbeit von W. Patterson und B. Sigg [7] mitgeteilten Versuchsergebnissen überprüft werden. In der genannten Arbeit wurde mit einer das gleiche Roheisen enthaltenden Gattierung ebenfalls der Einfluß der Temperaturführung untersucht. In Tab. 5 sind die Ergebnisse aus der vorliegenden Arbeit entsprechenden nach [7] gegenübergestellt.
Der Vergleich zeigt, daß der Einfluß der Temperaturführung auf den Reifegrad in beiden Untersuchungen tendenzmäßig der gleiche ist. Auf diese Weise erfahren die eigenen Ergebnisse ihre Bestätigung, und der zu den anderen Gattierungen unterschiedliche Verlauf erscheint damit gesichert. Dem Unterschied im Reifegradniveau der beiden Untersuchungen soll im Rahmen dieser Arbeit nicht weiter nachgegangen werden.

Tab. 5 Gegenüberstellung von beim Einsatz von Roheisen C ermittelten Ergebnissen aus der vorliegenden Arbeit mit solchen nach Versuchen von W. Patterson und B. Sigg [7]

	Temperaturführung	C %	Si %	S_c	RG %	HG	RH
eigene Werte	1360° C	3,43	2,62	0,98	88,4	0,95	1,01
	1450° C	3,37	2,60	0,96	98,4	1,01	1,02
	10′, 1530° C	3,27	2,64	0,94	96,5	1,02	1,04
	10′, 1530° C → 10′, 1360° C	3,27	2,64	0,94	94,1	0,99	1,03
nach [7]	1350° C	3,49	1,81	0,92	69,3	0,80	0,96
	1455° C	3,45	1,78	0,91	72,1	0,86	1,01
	10′, 1510° C	3,43	1,74	0,90	81,4	0,98	1,10
	15′, 1510° C → 10′, 1350° C	3,47	1,83	0,89	64,0	0,82	1,02

Der *Härtegrad* HG aller Abstiche ist in Abb. 7b eingezeichnet. Die in den Serien auftretenden Unterschiede in der Höhe des Härtegrades scheinen in etwa unabhängig von Temperaturführung und Impfen zu sein und betragen ungefähr 15–20%. Die Änderungen des Härtegrades im Verlauf der einzelnen Serien sind aber nicht einheitlich. Beim Schmelzen mit Gattierung A fällt der Härtegrad von Abstich I nach Abstich II stark ab und bleibt dann in etwa konstant. Die Ergebnisse deuten auf einen Einfluß der Schmelzzeit hin, denn weder Halten nach dem Überhitzen bei niedrigerer Temperatur noch Impfen verändern den Härtegrad. Während die Härtegrade der Serie A etwa die untere Begrenzung des Streubandes festlegen, geschieht dies nach oben durch die Abstiche der Schmelze D. Dabei hebt sich allerdings dieses Eisen in seinem Härtegradniveau deutlich von den anderen ab.

Der Härtegrad wird, wie die hier besprochenen Ergebnisse zeigen, durch Temperaturführung und Schmelzbehandlung praktisch nicht beeinflußt. Gleichzeitig können aber je nach verwendeter Gattierung deutliche Niveauunterschiede auftreten. Damit scheint der Härtegrad HG eine kennzeichnende Größe für die Beurteilung von Einsatzstoffen zu sein.

Wie schon bei der allgemeinen Diskussion des Einflusses von Temperaturführung und Impfen (vgl. Abschnitt 5.2.1) erörtert wurde, wird der Verlauf der *Relativen Härte* RH überwiegend durch die Zugfestigkeit bestimmt. Damit ergibt sich ein spiegelbildlicher Verlauf der Relativen Härte zum Reifegrad, wie es auch Abb. 7c deutlich zeigt. Die Serien mit hohem Reifegrad liegen hier im unteren Teil, die mit niedrigem Reifegrad im oberen Teil des Streubandes. Durch die hohe Härte der Serie D ist das Streuband allerdings sehr breit, so daß die Unterschiede in der Relativen Härte vor allem bei Überhitzung auf über 15% ansteigen.

5.3.2 Unterschiede in der Ausbildung des Erstarrungsgefüges*

Da die Auswertung der *Primärgefügeausbildung* unvollständig ist, wird auf eine graphische Darstellung der Ergebnisse verzichtet. Die ermittelten Werte sind für eine Diskussion noch einmal gesondert in Tab. 6 zusammengestellt.

Tab. 6 Dendritenlänge bei den einzelnen Abstichen in mm

Serie	Abstich					
	I	IV	II	III	V	VI
A	3,6	–	–	3,1	5,2	4,9
B	3,6	–	–	2,8	3,9	3,4
C	4,7	–	5,0	4,3	3,8	3,5
D	3,3	–	4,0	2,5	4,1	3,8
E	3,9	–	5,9	4,1	5,0	4,8

Es zeigt sich, daß weder bei gleichbehandelten Abstichen der verschiedenen Serien noch insgesamt große Unterschiede in der Dendritenlänge auftreten. Der schon bei der allgemeinen Besprechung der Ergebnisse (Abschnitt 5.2.2) festgestellte leichte Einfluß der Temperaturführung gilt, wie die Ergebnisse zeigen, auch innerhalb jeder einzelnen Serie: durch das Überhitzen werden die Dendriten

* Mit Erstarrungsgefüge werden, im Gegensatz zum sich bei der eutektoidischen Umwandlung bildenden Grundgefüge, die Gefügebestandteile bezeichnet, die nach Form und Anteil während der Erstarrung entstehen.

etwas länger, das anschließende Abstehen hat eine Verkürzung derselben zur Folge. Die geimpften Abstiche haben, bis auf Serie C, immer längere Dendriten als die abgestandenen Abstiche, wobei die Dendriten der mit CaSi geimpften Abstiche (VI) kürzer sind als die der mit FeSi geimpften (Abstich V).

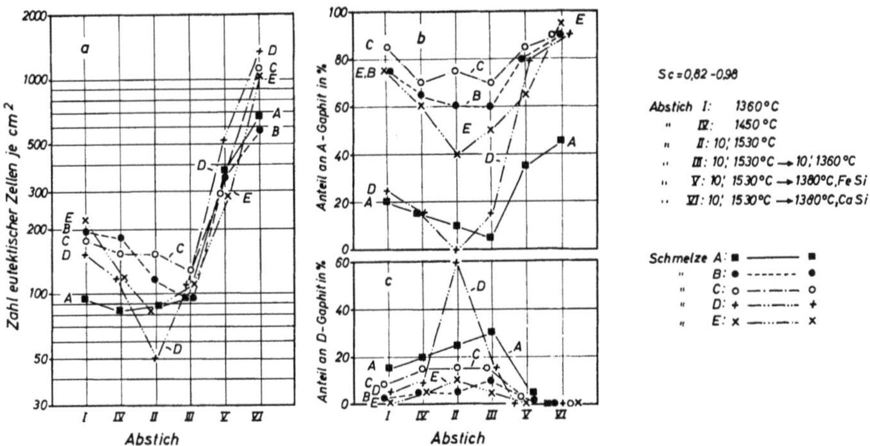

Abb. 8 Einzelwerte für die Ausbildung des Erstarrungsgefüges

In Abb. 8a sind die Ergebnisse der Bestimmung der *Zahl eutektischer Zellen* eingetragen. Hierbei zeigt sich, daß die Streuung der Zellenzahlen bei gleichbehandelten Abstichen z. T. beträchtlich ist, aber nicht bei allen Abstichen gleich groß. Während die unmittelbar nach dem Aufschmelzen (Abstich I) vorhandene Streuung (mit etwa 100 Zellen/cm²) bis zum Überhitzen erhalten bleibt, schwankt die Zahl der eutektischen Zellen nach dem anschließenden Abstehen nur noch geringfügig. Bei den geimpften Schmelzen treten dann wieder starke Unterschiede in den Zellenzahlen auf.

Der in Abschnitt 5.2.2 aus den Mittelwerten der Zellenzahlen abgeleitete Einfluß der Temperaturführung gilt nicht für das Verhalten jeder einzelnen Gattierung. Durch das Überhitzen sinkt zwar bei allen Serien die Zellenzahl ab, wenn auch unterschiedlich stark, das anschließende Halten bei tieferer Temperatur hat aber bei Serie B und C keinen Wiederanstieg in der Zahl der eutektischen Zellen zur Folge.

Der erforderliche Endsiliciumgehalt für die einzelnen Serien wurde durch unterschiedliche Zusatzmengen an Ferrosilicium eingestellt. Gleichzeitig zeigen die Ergebnisse der Zellenzahlauswertung, daß durch Impfen mit FeSi die Zahl der eutektischen Zellen erheblich ansteigt. Es erscheint daher angebracht zu überprüfen, ob der unterschiedliche Anfangszustand in der Zellenzahl (Abstich I) gar nicht spezifisch für das verwendete Roheisen ist, sondern durch Impfwirkung des gattierten FeSi bedingt wird [1]. Zu diesem Zweck ist in Abb. 9 die Zahl der eutektischen Zellen über der Schmelzzeit* aufgetragen worden. Danach bestätigt sich, daß der FeSi-Zusatz einen Einfluß hat. Bei Abstich I ist zwar kein systematischer Einfluß der zugesetzten FeSi-Menge zu erkennen. Aber die Serien, denen FeSi zur Einstellung der gewünschten chemischen Zusammensetzung zugesetzt wurde, haben deutlich höhere Zellenzahlen als Serie A ohne FeSi-Zusatz. Außerdem ist bei Serie A der Einfluß der Schmelzzeit auf die Zellenzahl praktisch vernachlässigbar, während bei den anderen Schmelzen, bis auf Serie C, der Abfall in der Zellenzahl mit steigender Verweilzeit des Eisens im Ofen um so größer wird, je höher die zugesetzte FeSi-Menge war. Das entspricht dem Verhalten nach dem Abklingen eines Impfeffektes.

In Abb. 8b ist für alle Abstiche der *Anteil an A-Graphit* eingezeichnet. Die Unterschiede in den A-Graphitmengen bei gleichbehandelten Abstichen sind beträchtlich. Selbst bei den geimpften Abstichen betragen sie noch 50%. Diese starke Streuung ist darauf zurückzuführen, daß die Anteile an A-Graphit bei Serie A bei allen Abstichen und bei Serie D im Bereich des Temperaturführungseinflusses wesentlich tiefer liegen als bei den anderen Schmelzen. Durch das Überhitzen wird bei allen Serien der A-Graphitanteil zurückgedrängt. Das anschließende Halten bei niedrigerer Temperatur führt nur bei einigen Roheisensorten zu einer Verbesserung. Durch das Impfen wird die Graphitausbildung in allen Fällen günstiger, wobei die A-Graphitmenge bei den mit CaSi geimpften Abstichen (VI) am höchsten ist.

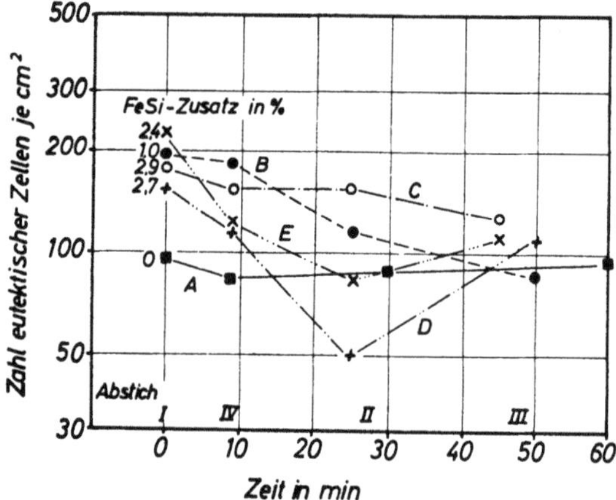

Abb. 9 Abhängigkeit der Zellenzahl von der Ferrosiliciummenge in der Gattierung sowie der Verweilzeit der Schmelze im Ofen

* Da beim Schmelzen im Induktionsofen das Aufschmelzen des Einsatzes durch die Notwendigkeit des Nachchargierens zeitlich nicht klar fixiert werden kann, ist für die vorliegende Untersuchung der Zeitpunkt des Abstichs I als Nullpunkt gewählt worden. Für Abstich II und III sind die tatsächlichen Schmelzzeiten in die Abbildung eingetragen, für Abstich IV ein Zeitpunkt, der sich aus der mittleren Aufheizgeschwindigkeit zwischen Abstich I und II ergibt.

Der *Anteil an D-Graphit* im Gefüge (Abb. 8c) verhält sich tendenzmäßig etwa spiegelbildlich zum Anteil an A-Graphit. Die Unterschiede bei gleichbehandelten Abstichen sind allerdings bis auf Abstich II geringer als beim A-Graphit und betragen im Bereich der Temperaturführung bis zu 25%. Die Überhitzung führt dabei immer zu einer Erhöhung des D-Graphitanteils, das anschließende Abstehen bringt nur z. T. eine Verringerung. Durch Impfen wird die D-Graphitmenge drastisch reduziert, wobei bei Verwendung von CaSi die D-Graphitbildung ganz unterdrückt wird.

5.3.3 Unterschiede in der Ausbildung der Grundmasse

Zur Darstellung der bei der eutektoidischen Umwandlung entstandenen Unterschiede in der Ausbildung der metallischen Grundmasse wurde die Form der Abb. 10 gewählt.

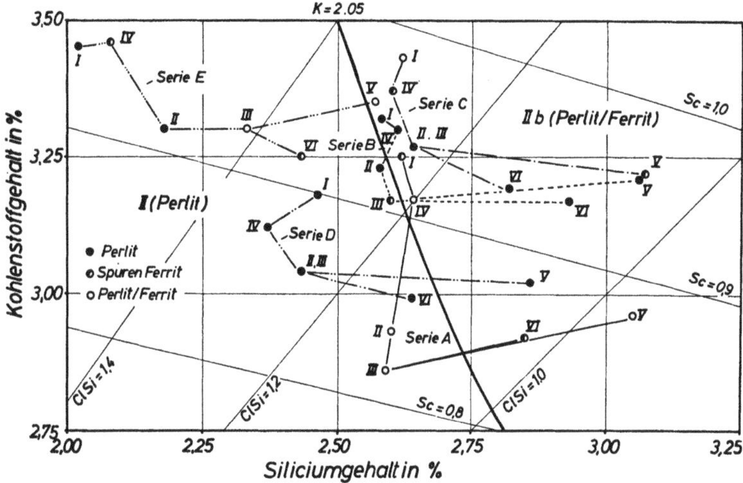

Abb. 10 Darstellung der Ausbildung der Grundmasse in einem Ausschnitt des Laplanche-Diagrammes

Ein Einfluß von Temperaturführung oder Impfen läßt sich aus den Versuchsergebnissen nicht ableiten. Es fällt aber auf, daß die Grundmasse einiger Abstiche nicht der nach dem jeweiligen Diagrammfeld zu erwartenden entspricht. Deshalb soll untersucht werden, ob hier eine spezifische Wirkung einzelner Gattierungen vorliegt. Zu diesem Zweck wird an Hand des Grundmassenaufbaus der geimpften Abstiche die Tendenz der Serien zur Ferritbildung überprüft, und zwar durch Vergleich der tatsächlichen Ergebnisse mit den nach ihrer Lage zur Begrenzungslinie zwischen dem Perlit- und dem Perlit/Ferrit-Gebiet ($K = 2{,}05$) zu erwartenden. Die geimpften Abstiche werden bei diesem Vergleich betrachtet, weil sich bei den ungeimpften Proben offensichtlich dann, wenn D-Graphit im Gefüge auftritt, auf Grund der kurzen Diffusionswege sehr leicht Ferrit bildet (siehe Abstiche III und IV der Serie E sowie Abstiche II und III der Serie A). Der Vergleich zeigt folgende Ergebnisse:

Serie A weist, wie die Abstiche VI und V zeigen, gute Übereinstimmung zwischen »theoretischer« und tatsächlicher Ausbildung der Grundmasse auf.

Abstich V der Serie B liegt ziemlich weit im Perlit/Ferrit-Gebiet. Trotzdem ist die Grundmasse rein perlitisch.

Auch Serie C enthält zuviel Perlit (siehe Abstiche VI und V), allerdings nicht in dem Maße wie Serie B, wie ein Vergleich der Ferritmengen der Abstiche V zeigt.

Serie D ist sehr hart. Das ergibt sich nicht nur aus dem fehlenden Ferritanteil des Abstichs V. Abstich II stützt vor allem diese Aussage, denn bei ihm treten trotz der hohen D-Graphitmenge (60%) nicht einmal Spuren von Ferrit in der Grundmasse auf.

Bei Serie E kommt es, wie Abstich VI am deutlichsten zeigt, leicht zur Ferritbildung.

Faßt man die bei der Besprechung der Unterschiede im Aufbau der Grundmasse festgestellten Ergebnisse zusammen, so zeigt sich, daß 1. bei Vorhandensein von D-Graphit im Gefüge schon bei niedrigeren Siliciumgehalten, als nach dem Laplanchediagramm zu erwarten, Ferrit in der Grundmasse auftreten kann; 2. durch entsprechende Wahl der Gattierung die eutektoidische Umwandlung beeinflußt werden kann. Das heißt aber auch, daß ein genaues Laplanche-Diagramm nur für gleiches Einsatzmaterial und bei Unterdrückung der Bildung von D-Graphit aufgestellt werden kann.

6. Beurteilung der Ergebnisse an Hand der Gefügeausbildung

6.1 Zusammenfassende Darstellung der Ergebnisse für die einzelnen Schmelzserien

In Abb. 11 sind die Kenngrößen für die Beurteilung der mechanischen Eigenschaften und die Ergebnisse der Gefügeauswertung zur besseren Übersicht gemeinsam für jede Schmelzserie dargestellt worden. Auf eine detaillierte Beschreibung der Zusammenhänge soll hier aber verzichtet werden, weil in den nachfolgenden Abschnitten der Einfluß der Gefügeausbildung auf die mechanischen Eigenschaften für jede Kenngröße einzeln untersucht wird.

6.2 Einfluß der Gefügeausbildung auf den Reifegrad

Bei der vorangegangenen Besprechung der Ergebnisse hat sich gezeigt, daß einerseits der Reifegrad, andererseits die Gefügeausbildung sowohl durch Temperaturführung und Impfen (Abschnitt 5.2) als auch durch die Einsatzstoffe (Abschnitt 5.3) beeinflußt werden. Es soll deshalb jetzt untersucht werden, wieweit hier innere Zusammenhänge vorliegen.

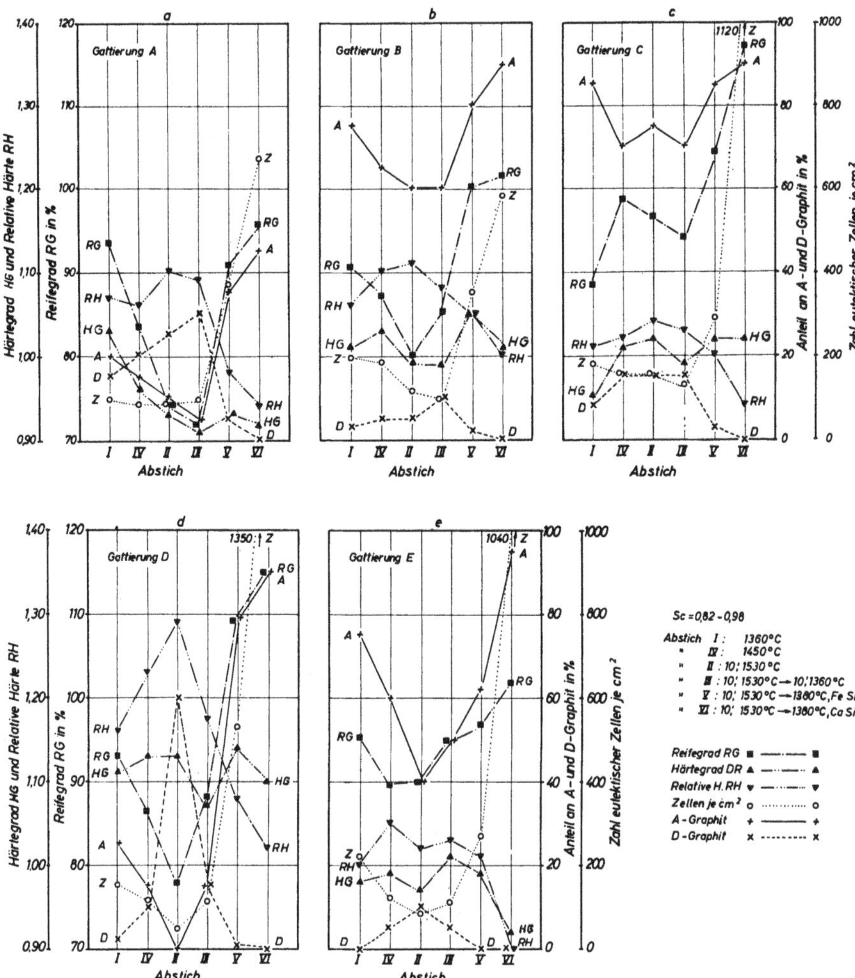

Abb. 11 Zusammenfassende Darstellung der Versuchsergebnisse für die einzelnen Schmelzserien

Die Untersuchung der *Primärgefügeausbildung* hat gezeigt, daß die Unterschiede in der Dendritenlänge bei dem vorliegenden Probenmaterial nur geringfügig sind. Ein Einfluß der Primärkristallisation auf die Zugfestigkeit wurde deshalb hier nicht deutlich, wenn er auch bei anderen Untersuchungen [17, 18] zu beobachten war.

In Abb. 12a ist der Reifegrad über der *Zahl eutektischer Zellen* aufgetragen. Es zeigt sich, daß insgesamt wie auch i. a. bei jeder Schmelzserie der Reifegrad durch steigende Zahl eutektischer Zellen angehoben wird. Daß eine hohe Zahl eutektischer Zellen, d. h. ein feinkörniges Gefüge, hohe Reifegrade begünstigt, ist bekannt und steht in Einklang mit allgemeiner metallkundlicher Erfahrung.

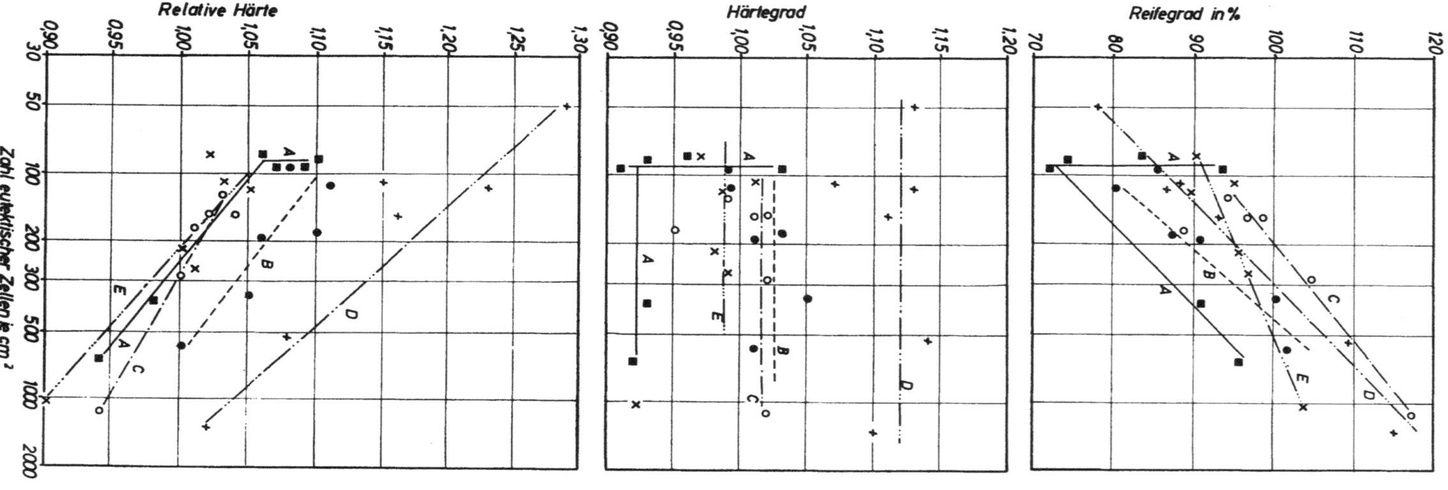

Abb. 12 Abhängigkeit von Reifegrad, Härtegrad und Relativer Härte von der Zahl eutektischer Zellen

Die unterschiedlich hohe Lage der Reifegradkennlinien für die verschiedenen Gattierungen in Abb. 12a sowie das besondere Verhalten der Serie A bei niedrigen Zellenzahlen deuten darauf hin, daß bei den vorliegenden Versuchen neben der Zahl der eutektischen Zellen noch andere Einflüsse die Höhe des Reifegrads bestimmen. Bei der Besprechung der Ausbildung des Erstarrungsgefüges hatte sich gezeigt, daß sowohl die Zahl der eutektischen Zellen als auch die *Graphitausbildung* durch Temperaturführung und Impfen beeinflußt werden (vgl. Abschnitt 5.2.2). Es muß deshalb untersucht werden, wieweit diese beiden Gefügekenngrößen direkt miteinander gekoppelt sind. Zu diesem Zweck ist in Abb. 13 die Graphit-

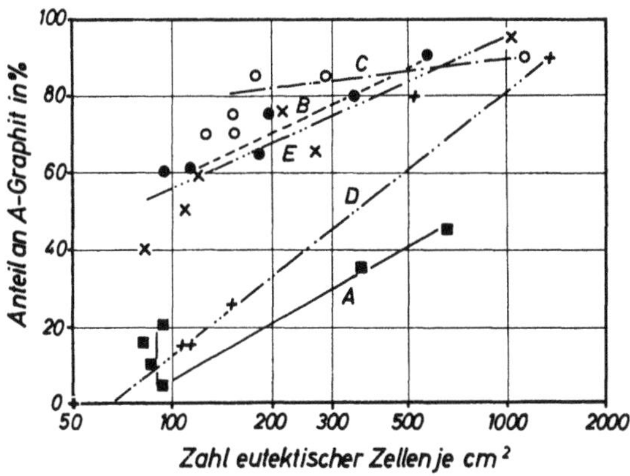

Abb. 13 Zusammenhang zwischen dem Anteil an A-Graphit und der Zellenzahl

form (in diesem Falle der Anteil an A-Graphit) der Zahl der eutektischen Zellen gegenübergestellt. Es zeigt sich zunächst, daß mit steigender Zellenzahl bevorzugt die günstige A-Graphitform [19] auftritt. Gleichzeitig sind aber deutliche Unterschiede in der Tendenz zur A-Graphitbildung festzustellen. Serie C weist den höchsten A-Graphitanteil auf, und zwar einen so hohen, daß er fast als unabhängig von der Zellenzahl angesehen werden kann. Die Abstiche der Serie A liegen dagegen in ihrer A-Graphitmenge am niedrigsten. Ein Vergleich dieser Ergebnisse mit den in Abb. 12a eingetragenen Werten zeigt, daß Serie C das höchste Reifegradniveau aufweist, während Serie A am tiefsten liegt. Damit ist der Nachweis erbracht, daß neben der Zahl der eutektischen Zellen der Anteil an der günstigen Graphitform A das Reifegradniveau mitbestimmt. Daß aber Zellenzahl und Graphitform nicht unbedingt direkt miteinander gekoppelt sein müssen, was auch H. Morrogh und W. Oldfield [20] erwarten, zeigen die vorliegenden Ergebnisse ebenfalls. Einerseits ist der Anstieg des Reifegrades bei Serie C überwiegend auf die Erhöhung der Zellenzahl zurückzuführen, weil sich die Graphitform kaum verändert. Zum anderen fällt bei den Abstichen der Serie A bei etwa konstanter Zellenzahl der Reifegrad so, wie sich die Graphitform verschlechtert. Das bedeutet, daß trotz etwa gleicher wirksamer Keimzahl die Kristallisationsgeschwindigkeit des Graphits beeinflußt wird, so daß es zu stärkerer Verzweigung des sich ausscheidenden Graphits kommt. Aber weder eine durch unterschiedliche Gießtemperatur möglicherweise bedingte verschieden hohe Unterkühlung noch die Gehalte an Begleitelementen (Tab. 4) können zur Erklärung dieser Erscheinung herangezogen werden.

Mit den bisherigen Ergebnissen bestätigt sich die in Abschnitt 2.1 getroffene Aussage, daß sich im Reifegrad vor allem die Einflüsse auf die Vorgänge bei der Erstarrung erkennen lassen. Ein genauer Vergleich der aus den Abb. 12a und 13 zu entnehmenden Tendenzen deutet aber, besonders am Beispiel der Serie D, auf eine weitere Einflußgröße hin. Die Reifegradkennlinie liegt ziemlich hoch, der Anteil an A-Graphit ist dagegen gering. Bei der Besprechung der *Ausbildung der Grundmasse* (Abschnitt 5.3.3) hatte sich gezeigt, daß gerade diese Serie überdurchschnittlich hart ist. Hohe Härte bedeutet allgemein hohe Festigkeit. Das heißt aber dann auch, daß die Ausbildung der Grundmasse den Reifegrad mit bestimmen kann. Diese am Beispiel der »harten« Serie D abgeleitete Aussage läßt sich aus dem vorhandenen Versuchsmaterial auch für den umgekehrten Fall bestätigen. Bei den Abstichen I bis III der Serie A fällt auf (vgl. Abb. 12a), daß praktisch unabhängig von der Zahl der eutektischen Zellen der Reifegrad durch Überhitzung und anschließendes Abstehen sehr stark abfällt. Zwar nimmt gleichzeitig der Anteil an A-Graphit ab (vgl. Abb. 13), aber nicht in dem Maße, um diesen scharfen Abfall erklären zu können. Ein Vergleich mit der Beurteilung der Grundmasse (Abb. 10) zeigt, daß entsprechend der Ferritanteil zunimmt. Damit bestätigt sich der Einfluß der Grundmassenausbildung auf den Reifegrad.

6.3 Einfluß der Gefügeausbildung auf den Härtegrad

An Hand der Abb. 12b wird am Beispiel der Zahl eutektischer Zellen ein möglicher Einfluß des *Erstarrungsgefüges* auf den Härtegrad untersucht. Aus der Darstellung läßt sich ein derartiger Einfluß nicht ableiten. Ein Vergleich der in Abb. 13 für die einzelnen Schmelzserien eingezeichneten Graphitformkennlinien mit den Ergebnissen der Härtegradbestimmung bestätigt das bekannte Ergebnis [21], daß die Graphitform die Härte ebenfalls nicht beeinflußt.

Im Härtegrad geben sich vielmehr, wie schon bei der Besprechung der Kenngrößen zur Beurteilung der mechanischen Eigenschaften in Abschnitt 2.1 festgestellt, bevorzugt die Einflüsse auf die eutektoidische Umwandlung zu erkennen. Das weisen die in Tab. 7 eingetragenen Ergebnisse nach. Dort ist dem in Abb. 12b eingezeichneten mittleren Härtegrad der einzelnen Serien die aus der Beurteilung der Grundmasse (Abschnitt 5.3.3) abzuleitende Umwandlungscharakteristik* gegenübergestellt.

Über die Ursachen für die Unterschiede in der Ausbildung der Grundmasse können einige Aussagen gemacht werden. H. Laplanche [22] hat selbst darauf hingewiesen, daß Legierungselemente die Grenzlinien in dem von ihm entwickelten Diagramm verschieben können. Es ist deshalb zu erwarten, daß die – neben den

* Unter Umwandlungscharakteristik wird hier die tatsächliche Ausbildung der Grundmasse der einzelnen Schmelzserien im Vergleich zu ihrer Übereinstimmung mit der nach der Grenzlinie zwischen Perlit- und Perlit/Ferrit-Gebiet im Laplanche-Diagramm zu erwartenden verstanden.

Tab. 7 Zusammenstellung von Versuchsergebnissen für die Deutung der Unterschiede in der Ausbildung der Grundmasse

Schmelz-serie	Umwandlungs-charakteristik	mittlerer Härtegrad	Summe der Begleitelemente in %*	Mn/S
D	sehr hart	1,12	0,073	6
B	hart	1,03	0,384	29
C	etwas hart	1,02	0,240	18
A	normal	(0,92)	0,199	32
E	etwas weich	0,99	0,425	12

* Vgl. Tab. 4.

normalerweise analysierten Eisenbegleitern C, Si, Mn, P, S – im Einsatzmaterial enthaltenen *Begleitelemente* zu einer Verschiebung der Umwandlungscharakteristik beitragen werden. In Tab. 7 ist deshalb die sich aus Tab. 4 ergebende Summe der *Begleitelemente** eingetragen. Bei einem Vergleich des Härteverhaltens mit der Begleitelementekonzentration zeigt sich nur für die Serien B, C und A eine Überstimmung, und zwar derart, daß mit abnehmender Menge an Begleitelementen das Umwandlungsgefüge weicher wird. (Die Angabe eines mittleren Härtegrades für Serie A ist, wie Abb. 12b zeigt, auf Grund von deren besonderem Verhalten fragwürdig.) Völlig abweichend von dieser Tendenz ist das Verhalten der Serie D, die den höchsten Härtegrad bei niedrigstem Begleitelementepegel aufweist. Wie bei der Diskussion zu einem Bericht von P. von der Forst [23] vermutet wurde, könnte eine mögliche Ursache für ein derartiges Verhalten sein, daß bei Unterschreiten eines bestimmten Wertes im Gehalt an Begleitelementen durch Beeinflussung der Kinetik der Umwandlung eine höhere Härte zustande kommen kann.
Eine andere Deutungsmöglichkeit für die hohe Härte der Serie D ergibt sich aus den vor kurzem mitgeteilten Ergebnissen einer Untersuchung von A. Collaud und J. C. Thieme [24]. Diese Forscher fanden, daß bei Mn/S-*Verhältnissen* kleiner als etwa 7 durch voreutektoidische Ausscheidung von Karbiden der Gehalt an gebundenem Kohlenstoff deutlich anstieg. Das müßte zwangsläufig eine Erhöhung der Härte zur Folge haben. Bei Serie D liegt nun, wie aus Tab. 7 abzulesen ist, ein niedriges Mn/S-Verhältnis vor. Somit kann auch dieses zur Erklärung überhöhter Härtegrade herangezogen werden.
Das Härteverhalten der Serie E kann an Hand der abgeleiteten Einflußgrößen nicht gedeutet werden. Der normale Härtegrad ist zwar aus der kombinierten Wirkung der ausgeprägten Ferritisierungsneigung und der hohen Begleitelementekonzentration zu verstehen. Wieso es aber trotz des hohen Gehaltes an Begleitelementen bei normalem Mn/S-Verhältnis zu der vorzeitigen Ferritisierung kommt, kann noch nicht erklärt werden.

* Eine einfache Addition entspricht zwar nicht der Wirkgröße und -weise der einzelnen Elemente. Da hier aber nur ein qualitativer Vergleich angestellt werden soll, kann diese Form der Darstellung gewählt werden.

6.4 Einfluß der Gefügeausbildung auf die Relative Härte

Daß die Relative Härte, die den Verbraucher interessierende Kenngröße zur Beurteilung des gelieferten Gußeisens, sowohl durch die den Reifegrad als auch die den Härtegrad bestimmenden Einflußgrößen festgelegt wird, geht aus Abb. 12c hervor. Die Beeinflussung des Reifegrades zeigt sich in der Abhängigkeit der Relativen Härte von der Zahl der eutektischen Zellen, der Einfluß des Härtegrades in der unterschiedlichen Lage der Kennlinien.

6.5 Zusammenhang zwischen Reifegrad und Härtegrad

Ein wesentliches Ziel der vorliegenden Arbeit war, Abweichungen der Zugfestigkeit und Härte von den Normalbeziehungen zur Grundzusammensetzung zu untersuchen, und zwar in Abhängigkeit von Gattierung und Schmelztechnik. Bei der bisherigen Auswertung der Versuchsergebnisse hat sich gezeigt, daß Reifegrad und Härtegrad nicht unabhängig voneinander sind. Veränderungen in der Grundmasse, die die Unterschiede im Härtegrad bestimmen, wirken sich auch im Reifegrad aus. Aus diesem Grunde wird als Ergänzung zu den bisherigen graphischen Darstellungen der Versuchsergebnisse die Form der Abb. 14 gewählt. Die Benutzung der Kenngrößen Reifegrad und Härtegrad hat gegenüber der Darstellung von Zugfestigkeit und Härte den Vorteil, daß die Wirkung der Grundzusammensetzung unter den eingangs erläuterten Bedingungen eliminiert ist.

Wie sich ganz allgemein aus dem Normalzusammenhang zwischen Zugfestigkeit und Härte (5) ergibt und aus Abb. 14 ablesen läßt, ist eine bestimmte Erhöhung des Härtegrades bei konstanter Relativer Härte* mit einer ungefähr doppelt so großen Steigerung des Reifegrades verknüpft.
In Abb. 14a ist das Verhalten der einzelnen Schmelzserien, in Abb. 14b der Einfluß der Zahl eutektischer Zellen eingetragen. Beide Abbildungen bestätigen, wie schon weiter oben festgestellt, daß eine höhere Zugfestigkeit bei gleichbleibendem Sättigungsgrad, d. h. ein höherer Reifegrad, einerseits durch Verbesserung der bei der Erstarrung entstehenden Gefügebestandteile erreicht wird, andererseits durch Einwirkungen auf die metallische Grundmasse, z. B. mit Hilfe entsprechender Einsatzstoffe. (Das Schema dieser Abbildung erscheint damit geeignet, die Wirkung von Legierungselementen auf die Gußeigenschaften übersichtlich darzustellen.) *Bestwerte des Reifegrades erfordern bei hoher Zellenzahl günstige Ausbildung von Graphit und Grundmasse.*

7. Folgerungen

Die im Sättigungsgrad üblicherweise berücksichtigten Elemente sowie die Abkühlungsgeschwindigkeit üben die Grundeinflüsse auf die mechanischen Eigenschaften von perlitischem Gußeisen mit Lamellengraphit aus. Die Festigkeits-

* Die in Abb. 14 eingetragenen Linien gleicher Relativer Härte ergeben sich aus den Beziehungen (2), (4) und (6), wobei der angestrebte Sättigungsgrad von 0,92 eingesetzt wurde.

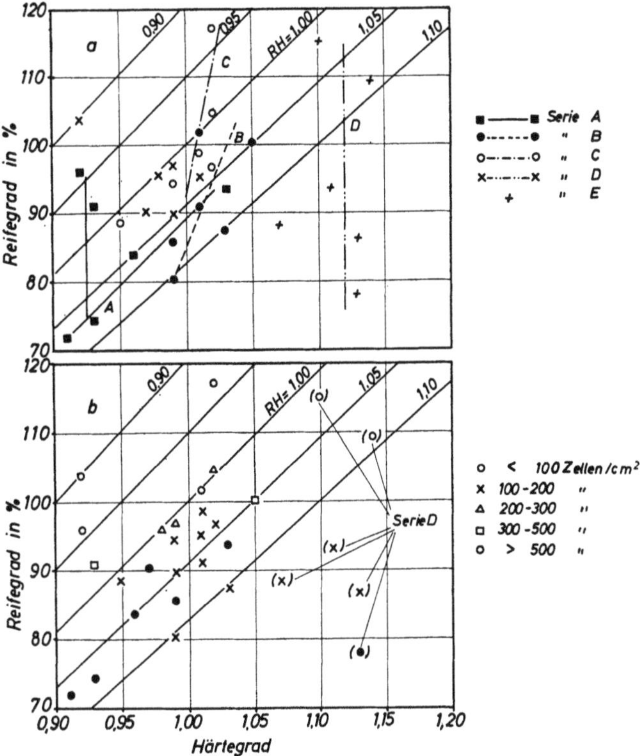

Abb. 14 Zusammenhang zwischen Reifegrad und Härtegrad

werte, die sich daraus für Probestäbe von 30 mm Dmr. ableiten lassen, gelten als »Normaleigenschaften«. Mit deren Hilfe kann durch Vergleich mit den jeweiligen Versuchsergebnissen eine Beurteilung der mechanischen Eigenschaften vorgenommen werden. Außerdem ermöglichen sie durch Eliminierung der Grundeinflüsse die Untersuchung von Ursachen für Abweichungen.

In der vorliegenden Arbeit wurde das Verhalten von Gattierungen aus unterschiedlichen Roheisensorten sowie der Einfluß von Temperaturführung im Induktionsofen und Pfannenzusätzen zum Eisen untersucht. Aus den erzielten Ergebnissen lassen sich nachstehende Folgerungen über Ursachen für Abweichungen vom Normalverhalten ableiten:

1. a) Die *Abweichungen von den Normalwerten der Zugfestigkeit* können beträchtlich sein.
   b) Sie sind auf Unterschiede in der Ausbildung des bei der Erstarrung entstehenden Gefüges sowie der Grundmasse zurückzuführen.
   c) Bestwerte des Reifegrades erfordern bei hoher Zahl eutektischer Zellen günstige Ausbildung von Graphit (A-Graphit) und vollständig perlitische Grundmasse.

2. a) Die *Abweichungen von den Normalwerten der Härte* können ebenfalls erheblich sein.
   b) Sie werden durch Beeinflussung der Grundmasse verursacht.

3. a) Die *Ausbildung des bei der Erstarrung entstehenden Gefüges und der Aufbau der Grundmasse* sind im allgemeinen unabhängig voneinander. Nur bei Auftreten von D-Graphit kann es zur vorzeitigen Bildung von Ferrit kommen.
   b) Die Unterschiede in der Primärgefügeausbildung waren so gering, daß ihr möglicher Einfluß nicht untersucht werden konnte.
   c) Die Zahl an eutektischen Zellen und die Graphitform sind im allgemeinen miteinander gekoppelt, und zwar dergestalt, daß bei hohen Zellenzahlen der größte Anteil an A-Graphit vorliegt.
   d) Bei konstanter Zellenzahl können aber deutliche Unterschiede in der Graphitform auftreten. Die eigentliche Ursache hierfür konnte nicht festgestellt werden.
   e) Als Ursachen für die Unterschiede in der Ausbildung der Grundmasse kommen in erster Linie die Legierungswirkung von Begleitelementen und das Mn/S-Verhältnis in Frage.

4. Die durch Veränderungen in der Gefügeausbildung hervorgerufenen *Abweichungen von den Normalwerten* der Zugfestigkeit und Härte werden teils durch die *Einsatzstoffe*, teils durch die *Schmelztechnik* verursacht.

5. a) Die *spezifische Wirkung einzelner Roheisensorten* beruht vor allem in deren Einfluß auf die eutektoidische Umwandlung.
   b) Die Höhe des Härtegrades und das Erstarrungsgefüge sowie dessen Änderungen sind anscheinend unabhängig voneinander. Dagegen kann das Reifegradniveau durch den Gattierungseinfluß mitbestimmt werden.
   c) Der *Härtegrad* kann damit als *typisches Merkmal für den Einfluß der Gattierungsbestandteile* angesehen werden.

6. a) Die *Herstellungsweise der Schmelzen* beeinflußt überwiegend das Erstarrungsgefüge.
   b) Durch Überhitzen über die Gleichgewichtstemperatur der Kieselsäurereduktion durch Kohlenstoff nimmt die Zellenzahl ab, und die Graphitform verschlechtert sich. Anschließendes Abstehenlassen der Schmelze bei niedrigerer Temperatur kann diesen Effekt teilweise wieder aufheben.
   c) Durch geeignete Pfannenzusätze (unter Umständen durch größere Ferrosiliciumanteile in der Gattierung) wird die Zahl eutektischer Zellen beträchtlich erhöht und die Graphitausbildung wesentlich verbessert. Impfen mit Calciumsilicium führt dabei zu günstigeren Werten als Impfen mit Ferrosilicium.
   d) Damit zeigt sich der Einfluß der Schmelzweise am deutlichsten im *Reifegrad*, so daß dieser sich für die *Überwachung der Schmelztechnik* empfiehlt.

B. Einfluß von Molybdän

1. Einleitung

Das Ziel der gesamten vorliegenden Arbeit ist es, Ursachen für Unterschiede in den mechanischen Eigenschaften bzw. Abweichungen von deren Normalwerten festzustellen. In Teil A hatte sich bei der Untersuchung des Einflusses unterschiedlicher Einsatzstoffe sowie dessen von Temperaturführung und Schmelzbehandlung gezeigt, daß die Abweichungen vom Normalverhalten der Eigenschaften z. T. durch Unterschiede im Aufbau der Grundmasse bedingt sind. Als eine der Einflußgrößen, die die eutektoidische Umwandlung steuern können, erwies sich dabei der Gehalt an Begleitelementen. Es erscheint daher notwendig, die Legierungswirkung der Begleitelemente genau zu kennen.

In diesem Teil der Arbeit wird deshalb am Beispiel des Molybdäns die Wirkung von Legierungselementen untersucht.

2. Schrifttumshinweise auf die Wirkung von Molybdän

Molybdän erhöht im Vergleich zu den anderen üblichen Legierungselementen prozentual gesehen die Zugfestigkeit von Gußeisen am stärksten [25]. Die Härte steigt dabei nicht im gleichen Maße an. Trotz der Härteerhöhung bleibt aber eine gute Bearbeitbarkeit erhalten [26]. Außerdem werden durch Molybdänzusätze die Wachstums- und Korrosionsbeständigkeit sowie die Verschleißfestigkeit verbessert [26]. Auf einen weiteren wesentlichen Einfluß von Molybdän – die Verringerung des Wanddickeneinflusses – wies schon J. L. Gregg [27] hin.

In Abb. 15 ist die Abhängigkeit von Reifegrad, Härtegrad und Relativer Härte vom Molybdängehalt nach den Ergebnissen einiger Forscher [28–30] dargestellt. Der Reifegrad steigt dabei im jeweils untersuchten Bereich, bis auf Kurve 2a bei höheren Molybdängehalten, linear an. Der Härteanstieg ist, wie der Härtegrad zeigt, nicht immer gleichmäßig. Bei den Versuchen von V. A. Crosby [29] tritt je nach Schmelzaggregat ab unterschiedlichen Molybdängehalten eine beachtliche Steigerung in der Härte auf, die sich bei den anderen Versuchen (noch?) nicht zeigt. Der Verlauf der Relativen Härte erklärt sich aus dem Verhalten von Reifegrad und Härtegrad.

Die Wirkung des Molybdäns ist darauf zurückzuführen, daß der α-Mischkristall verfestigt und die Umwandlung der γ-Phase zu niedrigeren Temperaturen verschoben wird [26]. Da das Molybdän gleichzeitig nur schwach karbidstabilisierend ist (vgl. u. a. [9]), bereitet es in bezug auf Weißeinstrahlung und Kantenhärte keine Schwierigkeiten [26].

Dagegen kann die Dichtspeisung von molybdänlegiertem Gußeisen bei höheren Mo-Gehalten problematisch werden, wie eine Untersuchung von J. C. Hamaker, W. P. Wood und F. B. Rote [31] nachweist. In der genannten Arbeit wurde die Bildung von Innenporosität an ungespeisten, aus geimpftem Material vergossenen Würfeln mit 100 mm Kantenlänge untersucht. Bei unlegiertem Material trat

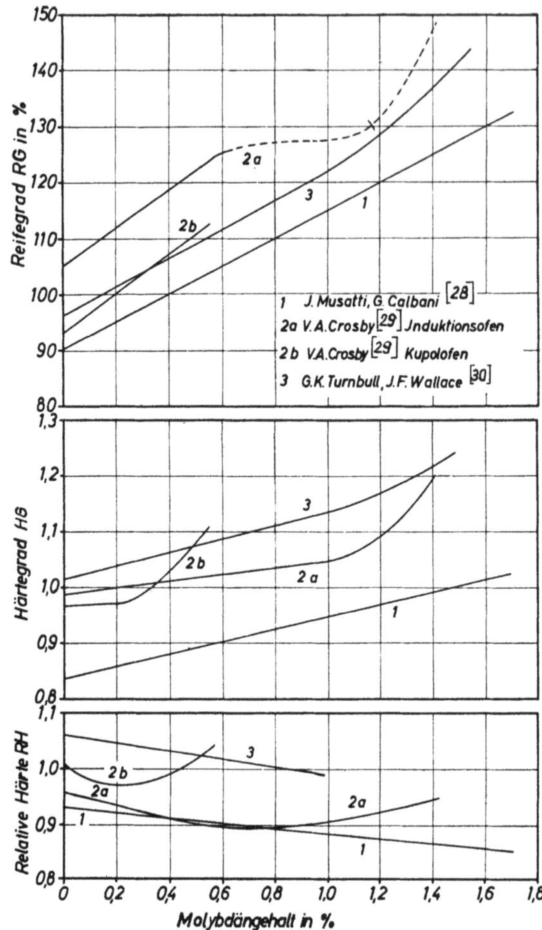

Abb. 15 Abhängigkeit von Reifegrad, Härtegrad und Relativer Härte vom Molybdängehalt nach Schrifttumsangaben

bei Phosphorgehalten über 0,25% sichtbare Porosität auf. Molybdänzusätze über 0,5% reduzierten diesen Wert auf 0,14%. Nach Ansicht der Verfasser ist das auf folgende Vorgänge zurückzuführen. Das zugesetzte Molybdän seigert in das flüssige Phosphid-Graphit-Eutektikum und vergrößert so dessen Volumen. Da das Molybdän außerdem noch Karbide mit in das Eutektikum einschleppt, steigt die Menge des Phosphidnetzwerkes stark an. Bei Molybdängehalten über 0,5% tritt ein Wechsel von der stabilen zur metastabilen Erstarrung dieses Eutektikums ein, der mit einer verstärkten Schwindung verbunden ist. Quantitative Werte der Untersuchung zeigten, daß die Flüssigkeits- und Erstarrungskontraktion dieses pseudobinären Phosphid-Karbid-Eutektikums die starke Porosität bedingen. Die Porosität trat dabei im thermischen Zentrum des Probekörpers auf und ließ sich nach den Angaben der Verfasser durch große Speiser entfernen. Mikroporosität läßt sich aber wohl mit Sicherheit auch dadurch nicht vermeiden, denn die bei der Erstarrung des feinverteilten, abgeschnürten Phosphideutektikums entstehenden Schwindungshohlräume können auch durch einen großen Speiser nicht mehr mit flüssigem Material versorgt werden.

3. Versuchsbeschreibung

An einem Gußeisen vom Sättigungsgrad 0,9 soll der Einfluß von bis etwa 1% Molybdän auf die mechanischen Eigenschaften und die Gefügeausbildung untersucht werden.

Die Gattierung für diese Versuchsreihe wurde aus Roheisen B und Stahl aufgebaut (vgl. Tab. 1 und 2). Das Fassungsvermögen des Ofens reichte nicht für alle Abstiche aus. Es mußten deshalb zwei Schmelzen mit je etwa 25 kg hergestellt werden. Das Einsatzmaterial wurde auf 1530°C überhitzt, dort 10 Minuten gehalten und dann auf 1380°C abstehen gelassen. In einem Vorversuch hatte sich gezeigt, daß sich das verwendete Ferromolybdän (69,4% Mo, 0,05% C, Rest Fe) beim Einbringen in der kleinen Handpfanne nicht schnell genug löste. Es wurde deshalb bei dem Hauptversuch im auf Temperatur gehaltenen Ofen in steigenden Mengen zulegiert. Ewa 3 Minuten nach dem jeweiligen Zusatz erfolgte der Abstich, bei dem das Eisen mit 0,5% Silicium in Form von CaSi II (vgl. Tab. 1) geimpft wurde.

Die weiteren Versuchsbedingungen stimmen mit den Angaben in Teil A dieser Arbeit überein.

4. Versuchsergebnisse

Sämtliche Versuchsergebnisse können Tab. 3 entnommen werden. Ihre graphische Darstellung zeigt Abb. 16.

Bis ca. 0,5% Molybdän steigt die Zugfestigkeit etwa linear ziemlich steil an, während die Härte nur relativ geringfügig erhöht wird. Bei höheren Molybdängehalten scheinen die Versuchsergebnisse darauf hinzudeuten, daß die Zugfestigkeit nicht mehr weiter erhöht, die Härtesteigerung dagegen beträchtlich größer wird. Das Ausbleiben einer weiteren Zugfestigkeitssteigerung wird zumindest z. T. die Folge der beobachteten Neigung zur Bildung von schwammigem Gefüge im Kern der Probestäbe sein. Bei höheren Molybdängehalten treten sogar ausgeprägte Fadenlunker auf.

Reifegrad und Härtegrad zeigen infolge des praktisch konstanten Sättigungsgrades das gleiche Bild wie Zugfestigkeit und Härte. Das Minimum in der Relativen Härte versteht sich aus dem Verlauf von Zugfestigkeit und Härte.

Die Gefügeausbildung ist teilweise etwas außergewöhnlich. Die Dendritenlänge nimmt kontinuierlich mit steigendem Molybdängehalt ab. Die Zahl eutektischer Zellen scheint bei etwa 0,5% Mo ein Maximum zu durchlaufen. Bei der hohen Zahl sowie dem gewählten Auswertungsverfahren kann man aber die Zellenzahl als praktisch konstant betrachten. Der Anteil an A-Graphit nimmt mit zunehmendem Molybdängehalt ab, während die E-Graphitmenge entsprechend steigt.

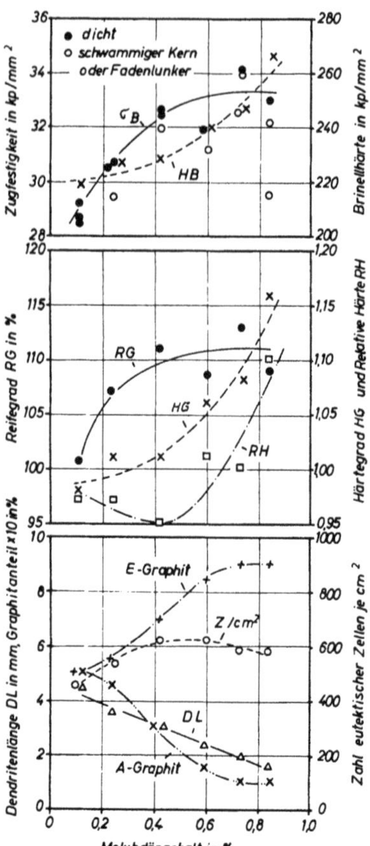

Abb. 16 Abhängigkeit der mechanischen Eigenschaften und der Gefügeausbildung vom Molybdängehalt

5. Deutung der Ergebnisse

Die ermittelten Versuchsergebnisse zeigen bis zu Molybdängehalten von etwa 0,5% klar deren vorteilhafte Wirkung auf die Grundmasse. Diese wird fester, wie der Härteanstieg nachweist. Dadurch wird gleichzeitig die Zugfestigkeit beträchtlich erhöht, obwohl Primäraustenit- und Graphitausbildung ungünstiger werden.

Ein Umschlag der Erstarrungsart des Phosphideutektikums von der stabilen in die metastabile Form, den J. C. Hamaker und Mitarbeiter [31] bei 0,5% Mo fanden, kann nach den vorliegenden Ergebnissen bei etwa gleichem Gehalt angenommen werden. Einmal steigt die Härte ab etwa diesem Gehalt deutlich steiler an, zum anderen tritt verstärkt undichtes Gefüge auf. Diese beiden Kenngrößen sowie die Veränderungen im Erstarrungsgefüge dürften wohl die Ursachen für die etwa konstant bleibende Zugfestigkeit bei höheren Molybdängehalten sein. Auf Grund der härteren Grundmasse müßte der Reifegrad ansteigen, aber offensichtlich heben das schwammige Gefüge, die Verringerung der Dendritenlänge sowie die verschlechterte Graphitausbildung diese Wirkung auf.

Die beobachteten Änderungen im Erstarrungsgefüge sind etwas überraschend. Eine Ursache für die Abnahme der Dendritenlänge bei steigendem Molybdängehalt kann aus dem vorliegenden Versuchsmaterial nicht abgeleitet werden. Die gleichzeitige Zunahme des E-Graphitanteils deutet auf einen Anstieg der Primäraustenitmenge hin, was eine Verbreiterung des Erstarrungsintervalls zur Voraussetzung haben müßte. Die leicht karbidstabilisierende Wirkung des Molybdäns (geringe Verschiebung der C'D'-Linie im stabilen Fe—C-System nach rechts – etwas breiteres Erstarrungsintervall) kann aber nicht die alleinige Ursache dafür sein. Die naheliegende Vermutung einer Erniedrigung der eutektischen Temperatur konnte aus Schrifttumsangaben nicht belegt werden. Ob außerdem möglicherweise steigende Molybdängehalte eine höhere Unterkühlung der eutektischen Kristallisation verursachen können, läßt sich nicht sagen. Die hohe Zahl eutektischer Zellen scheint dagegen zu sprechen.
Die oben beschriebene Beeinflussung von Reifegrad und Härtegrad bei steigenden Molybdängehalten zeichnet sich auch in übersichtlicher Form in Abb. 17 ab.

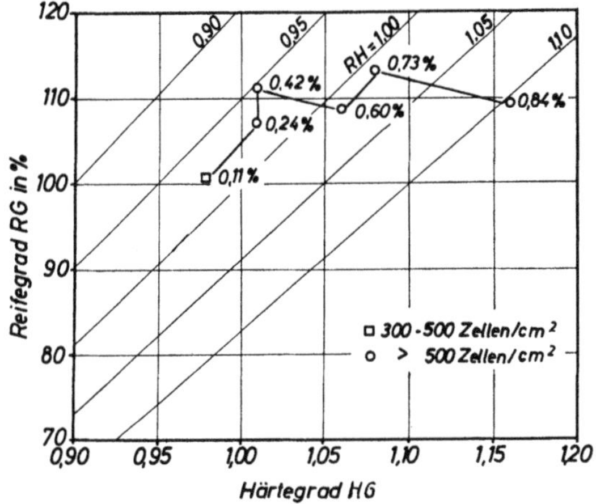

Abb. 17 Zusammenhang zwischen Reifegrad und Härtegrad (Die eingetragenen Prozentzahlen geben den Molybdängehalt an.)

Durch Verfestigung der Grundmasse steigen Reifegrad und Härtegrad bis etwa 0,5% Mo im zu erwartenden Verhältnis zueinander an. Die (vermutliche) Änderung in der Erstarrungsart des Phosphideutektikums bei höheren Molybdängehalten und die (dann dadurch bedingte) beobachtete Porosität im Gefüge führen zu einem starken Abweichen von dieser Tendenz.
Ein Vergleich der eigenen Ergebnisse mit den aus dem Schrifttum [28–31] entnommenen Angaben zeigt eine nur teilweise Übereinstimmung. Die durch steigende Molybdängehalte verursachte Änderung in der Erstarrung des Phosphideutektikums sowie die damit verbundene Tendenz zur Bildung von Porosität scheinen sich zwar für die eigenen Versuche sehr genau mit den von J. C. Ha-

MAKER und Mitarbeiter [31] angegebenen Werten zu decken. In den Arbeiten von V. A. CROSBY [29] sowie G. K. TURNBULL und J. F. WALLACE [30] tritt aber die Änderung der Erstarrungsart des Phosphideutektikums offensichtlich, wie der Verlauf des Härtegrades in Abb. 15 zeigt, bei anderen Molybdängehalten auf. Die Ursache hierfür kann nicht angegeben werden. Daß der Reifegradverlauf nach [30] bei metastabiler Erstarrung des Phosphideutektikums eher noch steiler wird (vgl. Abb. 15), läßt sich durch die alleinige Wirkung des Molybdäns auf die Grundmasse deuten. Durch einen großen, an die Probestäbe angesetzten Speiser konnte die Bildung von Porosität verhindert werden.

6. Folgerungen

Zur Bestätigung und Erweiterung der in Teil A der vorliegenden Untersuchung gewonnenen Erkenntnisse über die Zusammenhänge zwischen den mechanischen Eigenschaften und der Gefügeausbildung von Gußeisen mit Lamellengraphit wird in diesem Teil der Arbeit der Einfluß steigender Mengen Molybdän untersucht. Aus den Ergebnissen können die nachstehenden Schlüsse gezogen werden.

1. a) Der Einfluß des Molybdäns drückt sich, wie aus den Härtemessungen und dem Auftreten von Porosität abgeleitet wird, am stärksten in seiner *Wirkung auf die metallische Grundmasse* aus.

   b) Bis zu *Molybdängehalten von etwa* 0,5% tritt durch *Verfestigung* der Grundmasse eine leichte Erhöhung der Härte auf, die, wie ein Vergleich zwischen Härtegrad und Reifegrad zeigt, eine proportionale Steigerung der Zugfestigkeit nach sich zieht (RH = const).

   c) Bei *Molybdängehalten über* 0,5% geht eine Übereinstimmung mit Angaben im Schrifttum bei geimpftem Gußeisen anscheinend die Erstarrung des *Phosphideutektikums*, dessen Menge schon durch einseigerndes Molybdän vergrößert wird, von der stabilen in die metastabile Form über. Dies hat auf Grund der hohen Flüssigkeits- und Erstarrungskontraktion *Porosität* zur Folge. Durch diese beiden Vorgänge wird einerseits die Härte stärker erhöht, andererseits die Zugfestigkeitssteigerung ungünstig beeinflußt.

2. a) Molybdänzusätze scheinen sich auch auf die Ausbildung des *Erstarrungsgefüges* auszuwirken.

   b) Mit steigendem Molybdängehalt nimmt die *Dendritenlänge* ab, die *Primäraustenitmenge* anscheinend zu. Die Ursachen für beide Erscheinungen konnten nicht festgestellt werden.

   c) Durch zunehmende Gehalte an Molybdän wird die *Graphitausbildung* ungünstiger. Bedingt durch den höheren Anteil an Primäraustenit bildet sich zunehmend E-Graphit.

C. Zusammenfassung

Im Rahmen der vorliegenden Arbeit sind Ausmaß und Ursachen der Abweichungen von den Normaleigenschaften von Gußeisen mit Lamellengraphit untersucht worden, wie sie sich beim Einsatz verschiedener Roheisensorten und unter typischen Erschmelzungsbedingungen im Induktionsofen (Teil A) und beim Legieren mit Molybdän (Teil B) ergeben.

Aus den Ergebnissen lassen sich folgende Schlüsse ziehen:

1. Die Abweichungen von den Normalwerten der Zugfestigkeit und Härte können groß sein. Sie lassen sich auf Unterschiede in Form und Menge sowohl der bei der Erstarrung als auch der bei der eutektoidischen Umwandlung entstehenden Gefügebestandteile zurückführen. Bestwerte für Zugfestigkeit und Härte werden bei hoher Zahl eutektischer Zellen, geringer Verzweigung des Graphits (A-Graphit) und vollständig perlitischer Grundmasse erzielt.
2. Die durch Veränderungen in der Gefügeausbildung hervorgerufenen Abweichungen von den Normaleigenschaften werden teils durch Einsatzstoffe oder Zusätze, teils durch die Temperaturführung der Schmelze verursacht. Die *spezifische Wirkung einzelner Roheisensorten* beruht vor allem auf deren Einfluß auf die eutektoidische Umwandlung. Durch *Impfen* wird die Zahl eutektischer Zellen beträchtlich erhöht und die Graphitausbildung deutlich verbessert. *Legieren mit Molybdän* wirkt sich am stärksten auf die Ausbildung der Grundmasse aus. Die *Temperaturführung* der Schmelzen beeinflußt überwiegend das bei der Erstarrung entstehende Gefüge.
3. Die Ausbildung des bei der Erstarrung entstehenden Gefüges und der Aufbau der Grundmasse sind im allgemeinen unabhängig voneinander.

D. Literaturverzeichnis

[1] Patterson, W., und W. Standke, Forsch.-Ber. Land Nordrhein-Westfalen Nr. 1628, Westdeutscher Verlag, Opladen 1966.

[2] Hauptvogel, H. F. W., Gießerei 51 (1964), Nr. 26, S. 821–827; 52 (1965), Nr. 2, S. 42-50.

[3] Hauptvogel, Fr. W., Gießerei 52 (1965), Nr. 24, S. 799–806; 53 (1966), Nr. 2, S. 47–53.

[4] Piwowarsky, E., Hochwertiges Gußeisen. 2. Aufl., Berlin, Springer-Verlag 1951, S. 137–171.

[5] Wie [4], S. 109–130.

[6] Patterson, W., Gießerei 46 (1959), Nr. 11, S. 289–301.

[7] Patterson, W., und B. Sigg, Gießerei, techn.-wiss. Beih. 11 (1959), Nr. 25, S. 1363–1383.

[8] Oelsen, W., K. Roesch und K. Orths, Arch. Eisenhüttenwes. 26 (1955), Nr. 11, S. 641-653.

[9] Neumann, F., und H. Schenck, Gießerei, techn.-wiss. Beih. 14 (1962), Nr. 1, S. 21–29.

[10] Patterson, W., und F. Iske, Gießerei, techn.-wiss. Beih. 10 (1958), Nr. 22, S. 1147–1170.

[11] Patterson, W., R. Döpp und H. Reuter, Dipl.-Arb. Gießerei-Institut, TH Aachen 1961, Nr. 357 – vgl. [17], bes. S. 62.

[12] Czikel, J., und H. Klemm, Freiberg. Forsch.-Hefte, Reihe B, Nr. 3, 1953, S. 61–67.

[13] ASTM Designation: E 112–63, Book of ASTM Standards, Part 1, Baltimore 1965; vgl. auch: Mikroskopische Prüfung von Stählen auf Korngröße mit Bildreihen. Stahl-Eisen-Prüfblatt 1510–61, Dezember 1961.

[14] Richtreihen zur Kennzeichnung der Graphitausbildung. VDG-Merkblatt P 441, August 1962; Gießerei 50 (1963), Nr. 5, S. 142/43; vgl. auch ASTM Designation A 247–47, 1965 Book of ASTM Standards, Part 2, Baltimore 1965.

[15] McClure, N. C., A. U. Khan, D. D. McGrady und H. L. Womochel, Foundry Trade J. 103 (1957), Nr. 2140, S. 453–460.

[16] Patterson, W., und D. Ammann, Gießerei, techn.-wiss. Beih. 11 (1959), Nr. 23, S. 1247–1275.

[17] Patterson, W., und R. Döpp, Gießerei, techn.-wiss. Beih. 16 (1964), Nr. 2, S. 49–86.

[18] Patterson, W., H. Siepmann und Fr. W. Hauptvogel, Gießerei, techn.-wiss. Beih. 17 (1965), Nr. 3, S. 141–149; Nr. 4, S. 151–162.

[19] Patterson, W., und E. von Gumpert, Gießerei, techn.-wiss. Beih. 11 (1959), Nr. 25, S. 1341–1361.

[20] Morrogh, H., und W. Oldfield, Iron Steel 32 (1959), S. 431–434 und 479–482; vgl. auch Brit. Foundrym. 53 (1960), S. 141.

[21] Collaud, A., Gießerei, techn.-wiss. Beih. 6 (1954), Nr. 14, S. 709–726; 7 (1955), Nr. 15, S. 767–799.

[22] Laplanche, H., Metal Progr. 55 (1949), S. 839–841.

[23] Forst, P. von der, Untersuchung zur Wanddickenabhängigkeit der Eigenschaften von Legierungen aus Gußeisen mit Lamellengraphit. Vortrag vor dem Fachausschuß Gußeisen des Vereins Deutscher Gießereifachleute am 30. Juni 1959 in Düsseldorf. – Einfluß einiger Begleit- und Legierungselemente auf Gefüge und Eigenschaften von Gußeisen. Vortrag auf der Tagung der Landesgruppe Nordrhein-Westfalen des Vereins Deutscher Gießereifachleute am 12. Mai 1961 in Bad Godesberg.

[24] Collaud, A., und J. C. Thieme, Gießerei 53 (1966), Nr. 8, S. 238–250.

[25] Schneidewind, R., und R. G. McElwee, Trans. Amer. Foundrym. Soc. 58 (1950), S. 312–332; vgl. auch Gußeisenhandbuch, Gießerei-Verlag, Düsseldorf 1963, S. 118.

[26] Archer, R. S., J. Z. Briggs und C. M. Loeb jr., Molybdän. Zürich 1951.

[27] Gregg, J. L., Die Legierungen von Eisen und Molybdän. McGraw-Hill Book Comp., New York 1932, Abschnitt Gußeisen.

[28] Musatti, J., und G. Calbani, Met. Italiana 8 (1930), S. 649–660.

[29] Crosby, V. A., Trans. Amer. Foundrym. Ass. 45 (1937), S. 626–660.

[30] Turnbull, G. K., und J. F. Wallace, Mod. Cast. 35 (1959), Nr. 1, S. 81–92; vgl. auch Trans. Amer. Foundrym. Soc. 67 (1959), S. 35–46.

[31] Hamaker, J. C. jr., W. P. Wood und F. B. Rote, Trans. Amer. Foundrym. Soc. 60 (1952), S. 401–431.

GPSR Compliance
The European Union's (EU) General Product Safety Regulation (GPSR) is a set of rules that requires consumer products to be safe and our obligations to ensure this.

If you have any concerns about our products, you can contact us on

ProductSafety@springernature.com

In case Publisher is established outside the EU, the EU authorized representative is:

Springer Nature Customer Service Center GmbH
Europaplatz 3
69115 Heidelberg, Germany

www.ingramcontent.com/pod-product-compliance
Ingram Content Group UK Ltd.
Pitfield, Milton Keynes, MK11 3LW, UK
UKHW061658190726
13853UKWH00008B/2277
* 9 7 8 3 6 6 3 0 6 5 9 0 6 *